CATALOGUS FOSSILIUM AUSTRIAE

Ein systematisches Verzeichnis aller auf österreichischem Gebiet
festgestellten Fossilien

In Einzeldarstellungen herausgegeben
von der
Österreichischen Akademie der Wissenschaften
unter Mitarbeit von Fachpaläontologen

Schriftleitung
w. M. o. Prof. Dr. Dr. h. c. **Othmar Kühn** †

———

Heft Ia:
Flagellata
(Calcioflagellata: Coccolithineae et Discoasterineae)
von
Erwin Kamptner, Wien

Springer-Verlag Wien GmbH 1969

ISBN 978-3-662-37539-6   ISBN 978-3-662-38314-8 (eBook)
DOI 10.1007/978-3-662-38314-8

Vorbemerkungen

Die Einteilung der Formen geschieht hier nicht auf der Grundlage eines taxonomischen Systems, da ein solches für den Zweck einer Zusammenstellung, wie sie im Catalogus vorliegt, nur unnütz sein kann und obendrein ein überflüssiges subjektives Moment in die Darstellung einführt. Es ist daher eine alphabetische Reihung vorgenommen, und zwar zunächst eine solche der Gattungen, dann jene der Arten innerhalb jeder Gattung.

Der Einfachheit halber sind die Coccolithineen und die Discoasterineen zu einer einheitlichen Gruppe (Calcioflagellata = Kalkflagellaten) zusammengeschlossen. Es sind keinerlei Species incertae sedis ausgeschieden; ebensowenig ist von Parataxa die Rede.

Für jede einzelne Spezies ist die zugehörige Synonymie angegeben. An erster Stelle steht dabei die (in- oder ausländische) Publikation, in welcher die Existenz dieser Einheit bekanntgegeben wurde. Darüber hinaus sind ausländische Arbeiten nur in dem Fall angeführt, als sie nomenklatorisch von Wichtigkeit sind. Unter den österreichischen Veröffentlichungen ist zuerst jene genannt, in welcher die Nachricht enthalten ist, daß die Spezies auf österreichischen Territorium vorkommt.

Stets sind bei den einzelnen Spezies angeführt: Geographisches Vorkommen (nur österreichische Fundorte) — stratigraphisches Niveau (nur für die österreichischen Fundstellen) — Ort der Aufbewahrung der Belegstücke. Dem Fundort, zuweilen erst dem stratigraphischen Niveau, ist stets ein literarischer Beleg angefügt. Wenn in einem solchen Zitat die Seitenzahl unerwähnt geblieben ist, so läßt sich diese aus den in der Synonymie angeführten Schriften entnehmen.

Es ist nicht Aufgabe des Catalogus, über die den Nomenklaturregeln (im vorliegenden Fall gelten die botanischen Regeln) entsprechende formale Gültigkeit eines Nomens zu entscheiden; bestenfalls hat der Catalogus das Material für solche Erwägungen bereitzustellen. Daher ist in der hier vorliegenden Darstellung kein Gewicht darauf gelegt, daß jede der angeführten Arten in dem nämlichen Genus dargeboten werde, in welchem sie in jener Publikation steht, die ihr Vorkommen in Österreich verkündet hat. Im konkreten Fall mag der Leser die Zusammenstellung von LOEBLICH & TAPPAN (1966) konsultieren.

Das bei jeder Spezies angegebene stratigraphische Alter bezieht sich ausschließlich auf Österreich. Wenn der Leser das Bedürfnis hat, bei einer Spezies, die auch auf ausländischem Boden vorkommt, das daselbst geltende geologische Alter derselben kennen zu lernen, so möge er die angegebene Literatur heranziehen.

Wie aus dem ganzen Elaborat zu entnehmen ist, haben sich auf österreichischem Boden 193 Kalkflagellaten-Spezies gefunden; sie verteilen sich auf 55 Genera.

Systematische Übersicht

In Anbetracht dessen, daß im Speziellen Teil sämtliche behandelten Gattungen aus praktischen Gründen einheitlich alphabetisch gereiht sind, soll dem Leser in einem kurzen Überblick die systematische Zugehörigkeit dieser Genera dargelegt werden. Es ergibt sich eine Aufteilung in drei Gruppen: Coccolithineae, Discoasterineae und Genera incertae sedis. Die Genera incertae sedis enthalten jene Gattungen, welche nicht mit Sicherheit zu einer der beiden systematischen Hauptgruppen gestellt werden können.

Genus	Coccolithineae	Discoasterineae	Genera incertae sedis
Arkhangelskiella	+		
Braarudosphaera	+		
Calyptrolithus	+		
Coccolithites	+		
Coccolithus	+		
Corannulus	+		
Corolithion	+		
Cribrosphaera	+		
Cyclococcolithus	+		
Cyclolithus	+		
Discoaster		+	
Discolithus	+		
Fasciculithus			+
Favolithora	+		
Guttilithion			+
Helicosphaera	+		
Heliolithus	+		
Istmolithus	+		
Kamptnerius	+		
Lanternitus			+
Lithastrinus	+		
Lithostromation			+
Lucianorhabdus			+
Marthasterites		+	
Micrantholithus	+		
Microrhabdulus			+
Micula	+		

Genus	Coccolithineae	Discoasterineae	Genera incertae sedi
Nannotetraster		+	
Nannoturbella			+
Pemma	+		
Pontosphaera	+		
Rhabdolithus	+		
Scyphosphaera	+		
Sphenolithus	+		
Stephanolithion	+		
Tetralithus			+
Thoracosphaera	+		
Tremalithus	+		
Trochastrites			+
Trochoaster			+
Zygodiscus	+		
Zygolithus	+		
Zygrhablithus	+		

Spezieller Teil*)

Genus: *Arkhangelskiella* VEKSHINA, 1959

Arkhangelskiella cymbiformis VEKSHINA, 1959

1959 (*Arkhangelskiella cymbiformis*) VEKSHINA 1959, S. 66, Fig. 3a bis c auf Taf. 2.
1959 (*Arkhangelskiella specillata*) VEKSHINA 1959, S. 67, Fig. 2 auf Taf. 1, Fig. 3 auf Taf. 2.
1962 (*Arkhangelskiella cymbiformis*) STRADNER 1962b, S. A 106.
1963 (*Arkhangelskiella cymbiformis*) STRADNER 1963d, S. A 75.
1964 (*Arkhangelskiella cymbiformis*) STRADNER 1964, S. 137.

Geogr. Vorkommen:
  (1) Baden bei Wien. Ziegelei Soos. Badener Tegel.
  (2) Nußdorf (Wien XIX), Grünes Kreuz, Dennweg. Amphisteginen-Mergel.
  (3) Frättingsdorf. Badener Tegel.
  (4) Ameis. Badener Tegel.
  (5) Ernsdorf. Badener Tegel.
  (6) Altruppersdorf. Mergel aus einer Baugrube am westlichen Ortseingang (GRILL 4557/2/505).
  (7) Stützenhofen. Mergel vom Feldweg südlich der Ortschaft, ca. 30 m nördlich des Waldrandes (GRILL 4557/2/116).
  (8) Mühldorf im Lavantthal. Tonmergel bei der Hleunigmühle.
Literarische Nachweise zu den Fundpunkten 1 bis 8: STRADNER 1963d, S. A 75.
  (9) Tiefbohrungen der ÖMV:
      a) Ameis 1 (1150—1155 m).
      b) Texing 1 (973—978,8 m).
      c) Perschenegg 1 (0—434,5 m).
  (10) Zahlreiche Punkte im Flysch des Wienerwaldes (Altlengbacher Schichten).
  (11) Michelstetten (STRADNER 1962b, S. A 106).
  (12) Weg südöstlich Luisenmühle. Zwischen Rußbach und ehemaligem Steinbruch Aufschluß von chondritenführendem Tonmergel. Dazwischen Sandsteinlamellen.
  (13) NW-Hang des Stetterberges. Tonmergel, dazwischen Quarzite und dünne Sandsteinlagen.
  (14) Südhang des Kronawetberges, ca. 500 m östlich Kleinengersdorf.
  (15) Tiefer Brunnenneubau SW Luisenmühle. Kalkmergel, bunter Schiefer und Kalksandstein.
  (16) Graben SW Haberfeld. Rollstücke und Blöcke von verkieseltem Sandstein. Aufschlüsse dunkelgraublauen Sandsteines zwischen mächtigen Tonmergellagen.
Nachweise für die Punkte 12 bis 16: HEKEL 1968, S. 324 bis 329.

Stratigr. Niveau:
  Maestricht, im Torton auf allochthon-heterochroner Lagerstätte.
  Literarische Nachweise zu den Fundpunkten 9: STRADNER 1964, S. 137.

Aufbewahrung: Geol. Bundesanst. Wien, Abt. f. Erdöl-Geol.

---

*) In alphabetischer Anordnung.

Arkhangelskiella obliqua STRADNER, 1963

1963 (*Arkhangelskiella obliqua*) STRADNER 1963a, S. 176, Fig. 2 auf Taf. 1.

Geogr. Vorkommen: Ameis, Tiefbohrung der ÖMV.

Stratigr. Niveau: Ober-Turon.

Aufbewahrung: Geol. Bundesanst. Wien, Abt. f. Erdöl-Geol., Präp. AM/TU 6.

Arkhangelskiella parca STRADNER, 1963

1963 (*Arkhangelskiella parca*) STRADNER 1963a, S. 176, Fig. 3 auf Taf. 1.
1964 (*Arkhangelskiella parca*) STRADNER 1964, S. 137, Abb. 34.

Geogr. Vorkommen:
    (1) Perwang, Tiefbohrung 1 der RAG (STRADNER 1963a).
    (2) Ameis, Tiefbohrung 1 (1112—1117 m) der ÖMV.
    (3) Perschenegg, Tiefbohrung 1 (1434,6—1595,3 m) der ÖMV.

Stratigr. Niveau: Campan.

Aufbewahrung: Geol. Bundesanst. Wien, Abt. f. Erdöl-Geol., Präp. PER/OC 5.

Genus: *Blackites* HAY & TOWE, 1962

Blackites creber (DEFLANDRE, 1954) STRADNER, 1969

1954 (*Rhabdolithus creber*) DEFLANDRE & FERT 1954, S. 157, Fig. 31 bis 33 auf Taf. 12.
1969 (*Blackites creber*) STRADNER 1969a, S. 415, Fig. 4 und 5 auf Taf. 89.

Geogr. Vorkommen: Hagenbachklamm.
Stratigr. Niveau: Eocän.
Aufbewahrung: Geol. Bundesanst. Wien, Abt. f. Erdöl-Geol.

Braarudosphaera bigelowi (GRAN & BRAARUD, 1935) DEFLANDRE, 1947

1935 (*Pontosphaera bigelowi*) GRAN & BRAARUD 1935, S. 388, Abb. 67 (auf S. 389).
1947 (*Braarudosphaera bigelowi*) DEFLANDRE 1947, S. 439, Abb. 1 bis 5.
1959 (*Braarudosphaera bigelowi*) STRADNER 1959b, S. 486.
1960 (*Braarudosphaera bigelowi*) STRADNER 1960, S. 431, Abb. 1.
1961 (*Braarudosphaera bigelowi*) STRADNER & PAPP 1961, S. 116, Abb. 12/1.
1964 (*Braarudosphaera bigelowi*) STRADNER 1964, S. 135 und 139.

Geogr. Vorkommen:
    Tiefbohrungen:
    (1) Himberg 1 (1189,5—1380 m) der ÖMV.
    (2) Laxenburg 1 (350—355 m) der ÖMV.
    (3) Laxenburg 2 (210 m) der ÖMV.
    (4) Seitenstetten 1 (488—493 m und 996—1001 m) der ÖMV.
    (5) Texing 1 (20—21,5 m), ÖMV.
    (6) Helvetikum nördlich der Stadt Salzburg, Stat. 64/1/133/1 der RAG.
    (7) Haidhof bei Ernstbrunn.
    (8) Hagenbachklamm.
    (9) Waschbergzone.

Literarische Belege für die vorgenannten Fundpunkte:
STRADNER 1960, S. 431 — Punkte 1 bis 3.
STRADNER 1964, S. 135 — Punkte 4 und 5.
STRADNER 1963 b, S. 78 — Punkt 6.
STRADNER 1962 b, S. A 106 — Punkt 7.
STRADNER 1969 a — Punkt 8.
STRADNER 1969 b, S. 665 — Punkt 9.

Stratigr. Niveau:
Sarmat — Punkte 1 bis 3.
Mittel-Oligocän (Rupel) — Punkt 6.
Danien — Haidhof.
Die Spezies ist ein Durchläufer vom Mesozoikum bis zum Holocän (Punkt 6.) Sie ist vereinzelt im ganzen Bereich des Tertiärs anzutreffen.

Aufbewahrung: Geol. Bundesanst. Wien, Abt. f. Erdöl-Geol.

Braarudosphaera discula BRAMLETTE & RIEDEL, 1954

1954 (*Braarudosphaera discula*) BRAMLETTE & RIEDEL 1954, S. 394, Fig. 7 auf Taf. 38.
1959 (*Braarudosphaera discula*) STRADNER 1959 b, S. 487, Abb. 64.
1961 (*Braarudosphaera discula*) STRADNER 1961, S. 82, Abb. 42 (S. 80).
1961 (*Braarudosphaera discula*) BRIX 1961, S. 91, 92.

Geogr. Vorkommen:
(1) SW des Tulbinger Kogels, NO des Hotels, Steinbruch am NW-Hang. Tonschiefer und Tonmergel (BRIX 1961, S. 91, Aufschluß Nr. 78).
(2) SW von Dahaberg, 150 m SO der Rieglerhütte, Ausbisse an beiden Ufern des Halterbaches. Tonschiefer und Tonmergel (BRIX 1961, S. 92, Aufschluß Nr. 140).
(3) Gartenau (STRADNER 1961, S. 82).
(4) Mattsee (STRADNER 1959 b, S. 487).

Stratigr. Niveau:
Unterkreide — Fundpunkte 1 bis 3.
Mittleres Paläocän — Mattsee.

Aufbewahrung: Geol. Bundesanst. Wien, Abt. f. Erdöl-Geol.

Braarudosphaera parvula (STRADNER, 1960) nov. comb.

1960 (*Braarudosphaera bigelowi*, var. *parvula*) STRADNER 1960, S. 430, Abb. 2.

Geogr. Vorkommen:
(1) Laxenburg, Tiefbohrungen 1 (300—305 m) und 2 (205 m) der ÖMV.
(2) Himberg, Tiefbohrung 1 (950—1030 m) der ÖMV.

Stratigr. Niveau: Sarmat.

Aufbewahrung: Geol. Bundesanst. Wien, Abt. f. Erdöl-Geol.

Braarudosphaera turbinea STRADNER, 1963

1963 (*Braarudosphaera turbinea*) STRADNER 1963 a, S. 176, Fig. 8 auf Taf. 6.

Geogr. Vorkommen: Haidhof bei Ernstbrunn.
Stratigr. Niveau: Danien.
Aufbewahrung: Geol. Bundesanst. Wien, Abt. f. Erdöl-Geol., Präp. HA/DA 7.

Braarudosphaera undata STRADNER, 1959

1959 (*Braarudosphaera undata*) STRADNER 1959b, S. 487, Abb. 65.
1961 (*Braarudosphaera undata*) STRADNER & PAPP 1961, S. 140.
Geogr. Vorkommen: Mattsee, Stat. 130 und 138 (Kartierung BRAUMÜLLER).
Stratigr. Niveau: Paläocän und mittl. Eocän (STRADNER & PAPP 1961).
Aufbewahrung: Geol. Bundesanst. Wien, Abt. f. Erdöl-Geol.

Genus: *Calyptrolithus* KAMPTNER, 1948

Calyptrolithus galerus KAMPTNER, 1948

1948 (*Calyptrolithus galerus*) KAMPTNER 1948, S. 4, Fig. 1 auf Taf. 1.
Geogr. Vorkommen: Nußberg bei Wien, Steinbruch in der Nähe des Gasthauses
     „Eichelhof".
Stratigr. Vorkommen: Torton (Amphisteginen-Mergel).

Calyptrolithus hemisphaericus KAMPTNER, 1948

1948 (*Calyptrolithus hemisphaericus*) KAMPTNER 1948, S. 4, Fig. 5 auf Taf. 1.
Geogr. Vorkommen: Baden bei Wien.
Stratigr. Niveau: Torton (Badener Tegel).

Genus: *Campylosphaera* KAMPTNER, 1963

Campylosphaera dela (BRAMLETTE & SULLIVAN, 1961) HAY & MOHLER, 1967

1961 (*Coccolithites delus*) BRAMLETTE & SULLIVAN 1961, S. 151/152, Fig. 1 und 2 auf
     Taf. 7.
1963 (*Campylosphaera bramlettei*) KAMPTNER 1963, S. 150, 152, Fig. 6 auf Taf. 1.
1967 (*Campylosphaera dela*) HAY & MOHLER 1967, S. 1531, Fig. 14 auf Taf. 198.
1969 (*Campylosphaera dela*) STRADNER 1969a, S. 414.
Geogr. Vorkommen: Hagenbachklamm.
Stratigr. Niveau: Eocän.
Aufbewahrung: Geol. Bundesanst. Wien, Abt. f. Erdöl-Geol.

Genus: *Chiasmolithus* HAY — MOHLER — WADE, 1966

Chiasmolithus oamaruensis (DEFLANDRE 1954) HAY – MOHLER – WADE, 1966

1954 (*Tremalithus oamaruensis*) DEFLANDRE (& FERT) 1954, S. 154, Abb. 72 bis 74 (auf
     S. 153), Fig. 22 auf Taf. 11.
1966 (*Chiasmolithus oamaruensis*) HAY — MOHLER — WADE 1966, S. 388, Fig. 1 auf
     Taf. 7.
1969 (*Chiasmolithus oamaruensis*) STRADNER 1969b, S. 665.
Geogr. Vorkommen: Waschberg-Zone.
Stratigr. Niveau: Ober-Eocän.
Aufbewahrung: Geol. Bundesanst. Wien, Abt. f. Erdöl-Geol.

Genus: *Clathrolithus* DEFLANDRE, 1954

Clathrolithus ellipticus DEFLANDRE, 1954

1954 (*Clathrolithus ellipticus*) DEFLANDRE (& FERT) 1954, S. 169, Fig. 19 auf Taf. 12, Fig. 7 auf Taf. 14.
1969 (*Clathrolithus ellipticus*) STRADNER 1969a, S. 421, Fig. 12 auf Taf. 7.
Geogr. Vorkommen: Hagenbachklamm.
Stratigr. Niveau: Eocän.
Aufbewahrung: Geol. Bundesanst. Wien, Abt. f. Erdöl-Geol.

Genus: *Coccolithites* KAMPTNER, 1955

Coccolithites distichus BRAMLETTE & SULLIVAN, 1961

1961 (*Coccolithites distichus*) BRAMLETTE & SULLIVAN 1961, S. 152, Fig. 8a bis c auf Taf. 7.
Geogr. Vorkommen: Station 63/2/32/24 der RAG im südlichen Helvetikum nördlich der Stadt Salzburg (STRADNER 1963b, S. 76).
Stratigr. Niveau: Thanétien. Zone D der Gliederung von GOHRBANDT 1963.
Aufbewahrung: Geol. Bundesanst. Wien, Abt. f. Erdöl-Geol.

Genus: *Coccolithus* SCHWARZ, 1894

Coccolithus amplus (KAMPTNER, 1948) KAMPTNER, 1956

1948 (*Tremalithus amplus*) KAMPTNER 1948, S. 8, Fig. 16 auf Taf. 2.
1956 (*Coccolithus amplus*) KAMPTNER 1956, S. 10.
Geogr. Vorkommen: Baden bei Wien.
Stratigr. Niveau: Torton (Badener Tegel).

Coccolithus bidens BRAMLETTE & SULLIVAN, 1961

1961 (*Coccolithus bidens*) BRAMLETTE & SULLIVAN 1961, S. 139, Fig. 1 auf Taf. 1.
1963 (*Coccolithus bidens*) STRADNER 1963b, S. 72, Fig. 1 und 2 auf Taf. 8.
Geogr. Vorkommen: Helvetikum nördlich der Stadt Salzburg, Stat. 63/2/192/11 der RAG (Rohoel-AG.).
Stratigr. Niveau:
(1) Eocän (höhere Zone E und Zone F der Gliederung von K. GOHRBANDT 1963).
(2) Hagenbachklamm.
Aufbewahrung: Geol. Bundesanst. Wien, Abt. f. Erdöl-Geol.

Coccolithus biperforatus (KAMPTNER, 1948) KAMPTNER, 1956

1948 (*Tremalithus biperforatus*) KAMPTNER 1948, S. 7, Fig. 20 auf Taf. 2.
1956 (*Coccolithus biperforatus*) KAMPTNER 1956, S. 10.
Geogr. Vorkommen: Nußberg bei Wien, Steinbruch in der Nähe des Gasthauses „Eichelhof".
Stratigr. Niveau: Torton (Amphisteginen-Mergel).

Coccolithus bisulcus STRADNER, 1963

1963 (*Coccolithus bisulcus*) STRADNER 1963b, S. 72, Abb. 3 (1a, 1b), Fig. 3 bis 6 auf Taf. 8.

Geogr. Vorkommen:
(1) Südhelvetikum nördlich der Stadt Salzburg, Stat. 63/2/263/1 der RAG.
(2) Texing, Tiefbohrung 1 (590—595 m und 682—687 m) der ÖMV (STRADNER 1964, S. 137).
(3) Hagenbachklamm (STRADNER 1969, S. 412).

Stratigr. Niveau:
(1) Paläocän, tiefere Zone E der Gliederung von K. GOHRBANDT 1963 (laut STRADNER 1963b, S. 24, auch in der Zone A).
(2) Eocän, Zone F.
(3) Eocän (Fundpunkt 3).

Aufbewahrung: Geol. Bundesanst. Wien, Abt. f. Erdöl-Geol., Präp. Gryph 263/1.

Coccolithus consuetus BRAMLETTE & SULLIVAN, 1961

1961 (*Coccolithus consuetus*) BRAMLETTE & SULLIVAN 1961, S. 139, Fig. 2a bis c auf Taf. 1.
1963 (*Coccolithus consuetus*) STRADNER 1963b, S. 74, Fig. 10 bis 12 auf Taf. 8.
1963 (*Coccolithus consuetus*) STRADNER 1963c, S. 160, Fig. 6 u. 7 auf Taf. 23.

Geogr. Vorkommen:
(1) Baden bei Wien, Nußdorf, Frättingsdorf, Ameis, Ernsdorf, Altruppersdorf, Stützenhofen, ferner Mühldorf im Lavantthal (STRADNER 1963d, S. A 76; 1963c, S. 160).
(2) Helvetikum nördlich der Stadt Salzburg, Stat. 63/2/30/4 der RAG (STRADNER 1963b, S. 74).

Stratigr. Niveau:
Torton, allochthon aus dem Alttertiär — Fundpunkte 1.
Danien, Zone A der Gliederung von K. GOHRBANDT 1963 — Fundpunkte 2.

Aufbewahrung: Geol. Bundesanst. Wien, Abt. f. Erdöl-Geol.

Coccolithus crassus BRAMLETTE & SULLIVAN, 1961

1961 (*Coccolithus crassus*) BRAMLETTE & SULLIVAN 1961, S. 139, Fig. 4 auf Taf. 1.
1963 (*Coccolithus crassus*) STRADNER 1963b, S. 74, Fig. 13 bis 15 auf Taf. 8.
1964 (*Coccolithus crassus*) STRADNER 1964, S. 136.

Geogr. Vorkommen:
(1) Helvetikum nördlich der Stadt Salzburg, Stat. 63/2/30/4 der RAG (STRADNER 1963b, S. 74).
(2) Texing, Tiefbohrung 1 (590—595 m und 682—687 m) der ÖMV (STRADNER 1964, S. 136).
(3) 1000 m WNW der Kirche Königsbrunn. Dünne Sandsteinlagen zwischen Mergelschiefer (HEKEL 1968, S. 325).

Stratigr. Niveau: tieferes Paläocän. Zone A der Gliederung von GOHRBANDT 1963, desgleichen Unter-Eocän (Zone F).

Aufbewahrung: Geol. Bundesanst. Wien, Abt. f. Erdöl-Geol.

Coccolithus cribellum (BRAMLETTE & SULLIVAN, 1961) STRADNER, 1969

1961 (*Coccolithes cribellum*) BRAMLETTE & SULLIVAN 1961, S. 151, Fig. 5 und 6 auf Taf. 7.
1969 (*Coccolithus cribellum*) STRADNER 1969a, S. 412.

Geogr. Vorkommen:
   (1) Hagenbachklamm (STRADNER 1969a).
   (2) Waschbergzone (STRADNER 1969b, S. 665).

Stratigr. Niveau: Eocän.

Aufbewahrung: Geol. Bundesanst. Wien, Abt. f. Erdöl-Geol.

Coccolithus danicus (BROTZEN, 1959) BRAMLETTE & MARTINI, 1964

1959 (*Cribrosphaerella danica*) BROTZEN 1959, S. 25, Abb. 9 (S. 26).
1964 (*Coccolithus danicus*) BRAMLETTE & MARTINI 1964, S. 298, Fig. 15 und 16 auf Taf. 1.
1964 (*Coccolithus danicus*) STRADNER 1964, S. 136.

Geogr. Vorkommen: Helvetikum nördlich der Stadt Salzburg.

Stratigr. Niveau: Tieferes Paläocän.

Aufbewahrung: Geol. Bundesanst. Wien, Abt. f. Erdöl-Geol.

Coccolithus eminens BRAMLETTE & SULLIVAN, 1961

1961 (*Coccolithus eminens*) BRAMLETTE & SULLIVAN 1961, S. 139, Fig. 3 auf Taf. 1.
1964 (*Coccolithus eminens*) STRADNER 1964, S. 136.

Geogr. Vorkommen: Helvetikum nördlich der Stadt Salzburg.

Stratigr. Niveau: tieferes Paläocän.

Aufbewahrung: Geol. Bundesanst. Wien, Abt. f. Erdöl-Geol.

Coccolithus eopelagicus (BRAMLETTE & RIEDEL, 1954) STRADNER, 1962

1954 (*Coccolithus eopelagicus*) BRAMLETTE & RIEDEL 1954, S. 392, Fig. 2a, b auf Taf. 38.
1962 (*Coccolithus eopelagicus*) STRADNER 1962b, S. A 107.

Geogr. Vorkommen:
   a) Ottenthal. Feldweg nach Kleinschweinbarth am westschauenden Hang südöstl. der Kirche. Tonmergel und Diatomite (JÜTTNER 1938, Profil 1; GRILL 4457/3/1).
   b) Fuchsbergen. Westschauender Hang, 1 km SW der Kirche von Ottenthal. Tonmergel (GRILL 4457/1/26a).
   c) Haidberg. Graben O Haidberg, Weg knapp östlich P. 312 (GRILL 4557/1/354 und 355). Tonmergel.
   d) Haidberg. Hohlweg vom Punkt 387 NO gegen Falkenstein, großer Hangrutsch knapp NO des angeführten Punktes (GRILL 4557/1/510). Tonmergel.
   e) Kautendorf. Baugruben und Brunnengrabungen an der Straße nach Laa a. d. Thaya (GRILL 4557/1/503). Tonmergel.
   f) Loosdorf. Aufgrabungen 200 m nördlich vom Obelisk N Loosdorf (GRILL 4557/1/63). Tonmergel.
   g) Ernstbrunn. Aufgrabungen am Wegrand der Dreikreuzgasse, 120 m südlich der Steinkreuze (GRILL (4557/3/808b). Tonmergel.
   h) Reingruberhöhe. Aufgelassener Steinbruch nördlich Bruderndorf (GRILL 4656/2/41). Glaukonitsand.

Tiefbohrungen der ÖMV (j bis q):
j)   Großgraben K 1 (770—774 m).
k)   Moosbierbaum K 2 (1020—1023,5 m).
l)   Moosbierbaum K 5 (1070—1072,5 m und 1130—1135 m).
m) Perschenegg 1 (1699—1714 m).
n)   Streithofen 1 (1170—1173 m).
o)   Texing 1 (1708—1713 m).
p)   Seitenstetten 1 (488—493 m und 96—1001 m).
q)   Texing 1 (20—21,5 m).
r)   Hagenbachklamm.
s)   Waschbergzone.

Stratigr. Niveau:
Chatt (Ober-Oligocän) — Fundpunkte j bis o (STRADNER 1964, S. 134).
Rupel (Mittel-Oligocän) — Fundpunkte p und q (STRADNER 1964, S. 135).
Ober-Eocän — Fundpunkte a bis h (STRADNER 1962b, S. A 107).
Eocän — Fundpunkte r (STRADNER 1969a, S. 413) und s (STRADNER 1969b, S. 665).

Aufbewahrung: Geol. Bundesanst. Wien, Abt. f. Erdöl-Geol.

Coccolithus expansus BRAMLETTE & SULLIVAN, 1961

1961 *(Coccolithus expansus)* BRAMLETTE & SULLIVAN 1961, S. 139, Fig. 5 auf Taf. 1.
Geogr. Vorkommen: Michelberg (STRADNER 1962b, S. A 106).
Stratigr. Vorkommen: Unter-Eocän (STRADNER 1962b, S. A 106).
Aufbewahrung: Geol. Bundesanst. Wien, Abt. f. Erdöl-Geol.

Coccolithus gallicus STRADNER, 1963

1963 *(Coccolithus gallicus)* STRADNER 1963a, S. 176, Fig. 8 auf Taf. 1.
1964 *(Coccolithus gallicus)* STRADNER 1964, S. 137.
Geogr. Vorkommen:
Tiefbohrungen der ÖMV:
(1) Ameis 1 (1150—1155 m).
(2) Texing 1 (973—975,8 m).
(3) Perschenegg (0—434,5 m).
Außerdem zahlreiche Punkte der Flyschzone im Wienerwald.
Stratigr. Niveau: Maestricht (Altlengbacher Schichten).
Aufbewahrung: Geol. Bundesanst. Wien, Abt. f. Erdöl-Geol., Präp. BIA/MA 5.

Coccolithus grandis BRAMLETTE & RIEDEL, 1954

1954 *(Coccolithus grandis)* BRAMLETTE & RIEDEL 1954, S. 391, Fig. 1a, b.
1961 *(Coccolithus grandis)* BRIX 1961, S. 95, 96.
1962 *(Coccolithus grandis)* STRADNER 1962b, S. A 106.
1964 *(Coccolithus grandis)* STRADNER 1964, S. 135.
Geogr. Vorkommen:
(1) Baden bei Wien, Ziegelei Soos. Blauer Badener Tegel.
(2) Nußdorf, Wien XIX, Grünes Kreuz, Dennweg. Amphisteginen-Mergel.
(3) Frättingsdorf. Badener Tegel.
(4) Ameis. Badener Tegel.
(5) Ernsdorf. Badener Tegel.

(6) Altruppersdorf. Mergel aus einer Baugrube am westlichen Ortseingang (GRILL 4557/2/505).

(7) Stützenhofen. Mergel vom Feldweg südlich des Dorfes, ca. 30 m nördlich des Waldrandes (GRILL 4557/2/116).

(8) Mühldorf im Lavantthal. Tortonmergel bei der Hleunigmühle.

Nachweise zu den Fundpunkten 1 bis 8: STRADNER 1963d, S. A75.

(9) Knapp südlich des Gasthauses Kordon im Halterthal. Hausaushub. Südteil. Sandstein (BRIX 1961, S. 95, Aufschluß Nr. 38).

(10) Hagenbachklamm bei St. Andrä, ca. 200 m nördlich von Kote 280. Ostufer. Hangrutschung. Mergel (BRIX 1961, S. 95, Aufschluß Nr. 112).

(11) Schafberg bei Neuwaldegg. Südwestliche Ecke des Pötzleinsdorfer Parks, nördlich Kote 336. Ausbisse im Waldboden. Sandstein (BRIX 1961, S. 96, Aufschluß Nr. 1400).

(12) Texing. Tiefbohrung 1 der ÖMV (635,6 — 639,6 m, 734,5 — 738 m, 1016 bis 1021 m).

(13) Michelberg. Aufgelassener Steinbruch. Mergellagen im Nummulitenkalk (STRADNER 1962, S. A 106).

(14) 550 m südöstlich Thüringerhof (HEKEL 1968, S. 321).

Stratigr. Niveau:

Torton (allochthon-heterochron aus dem Alttertiär) — Fundpunkte 1 bis 8.

Eocän — Fundpunkte 9 bis 11, desgleichen 14.

Unter- bis Mittel-Eocän — Fundpunkt 12.

Unter-Eocän — Fundpunkt 13.

Aufbewahrung: Geol. Bundesanst. Wien, Abt. f. Erdöl-Geol.

Coccolithus helis (STRADNER, 1961) STRADNER, 1962

1961 (*Heliorthus tenuis*) STRADNER 1961, S. 84, Abb. 64, 65 (auf S. 81).

1962 (*Coccolithus helis*) STRADNER 1962b, S. A 106.

Geogr. Vorkommen:

(1) Tiefbohrung Texing 1 (590 — 595 m und 682 — 687 m) der ÖMV.

(2) Südliche und östliche Teile der Flyschzone von Hainfeld bis Wien (STRADNER 1964, S. 137).

(3) Haidhof bei Ernstbrunn (STRADNER 1961, S. 84).

(4) Helvetikum nördlich Salzburg, Stat. 63/2/30/7 (STRADNER 1963b, S. 74).

(5) NW-Hang des Stetterberges. Tonmergel, dazwischen Quarzit und dünne Sandsteinlagen (HEKEL 1968, S. 324).

Stratigr. Niveau:

Paläocän — Fundpunkte 1 und 2.

Danien — Fundpunkte 3 und 4 (bei Punkt 4: Zone A der Gliederung von GOHRBANDT 1963).

Oberkreide — Punkt 5.

Aufbewahrung: Geol. Bundesanst. Wien, Abt. f. Erdöl-Geol., Präp. HA 101/1 C.

Coccolithus macellus (BRAMLETTE & SULLIVAN, 1961) STRADNER, 1963

1961 (*Coccolithites macellus*) BRAMLETTE & SULLIVAN 1961, S. 152, Fig. 11 bis 13 auf Taf. 7.

1963 (*Coccolithus macellus*) STRADNER 1963b, S. 75, Abb. 3, 3a, 3b.

Geogr. Vorkommen:

(1) Südhelvetikum nördlich der Stadt Salzburg, Stat. 63/2/308/1 der RAG.

(2) Hagenbachklamm.

Stratigr. Niveau:

Paläocän, tiefere Zone E (der Gliederung von K. GOHRBANDT 1963), desgleichen Unter-Eocän (Zone F) — Fundgebiet 1 (STRADNER 1963b).
Eocän — Fundpunkt 2 (STRADNER 1969a, S. 413).

Aufbewahrung: Geol. Bundesanst. Wien, Abt. f. Erdöl-Geol.

Coccolithus pelagicus (WALLICH, 1877) SCHILLER, 1930

1877 (*Coccosphaera pelagica*) WALLICH 1877, S. 348.
1902 (*Coccolithophora pelagica*) LOHMANN 1902, S. 138 (pro parte).
1930 (*Coccolithus pelagicus*) SCHILLER 1930, pro parte, S. 246, Abb. 123a, c und d.
1948 (*Coccolithus pelagicus*) KAMPTNER 1948, S. 9.
1962 (*Coccolithus pelagicus*) STRADNER 1962b, S. A 106 und A 107.
1963 (*Coccolithus pelagicus*) STRADNER 1963d, S. A 76.
1964 (*Coccolithus pelagicus*) STRADNER 1964, S. 138.

Geogr. Vorkommen:

A. a) Baden und Nußberg bei Wien (KAMPTNER 1948, S. 9).
     b) Frättingsdorf — Ameis — Ernsdorf — Altruppersdorf — Stützenhofen — Mühldorf im Lavantthal (STRADNER 1963d, S. A 75).
B. a) Ottenthal — Feldweg nach Kleinschweinbarth, am westschauenden Hang südöstlich der Kirche. Tonmergel und hellgelber Diatomit (GRILL 4457/3/1).
     b) Fuchsbergen — westschauender Hang, 1 km südwestlich der Kirche von Ottenthal. Tonmergel (GRILL 4457/3/26a).
     c) Haidberg — Graben O Haidberg, Weg knapp östlich P. 312. Tonmergel (GRILL 4557/1/354 und 355).
     d) Haidberg — Hohlweg vom P. 387 gegen Falkenstein. Großer Hangrutsch knapp NO des angeführten Punktes. Tonmergel (GRILL 4557/1/510).
     e) Kautendorf — Baugruben und Brunnengrabungen an der Straße nach Laa a. d. Thaya. Tonmergel (GRILL 4557/1/503).
     f) Loosdorf — Aufgrabung 200 m nördlich vom Obelisk N Loosdorf. Tonmergel (GRILL 4557/1/63).
     g) Ernstbrunn — Aufgrabung am Wegrand der Dreikreuzgasse, 120 m südlich der Steinkreuze. Tonmergel (GRILL 4557/3/808b).
     h) Reingruberhöhe — Aufgelassener Steinbruch nördlich Bruderndorf. Glaukonitsand (GRILL 4656/2/41).
Literarische Belege zu den Punkten B. a) bis h): STRADNER 1962b, S. A 107.
C. Haidhof — Mergel (STRADNER 1962b, S. A 106).
D. a) Klement — Steilhang am Südende des Dorfes. Mergeliger Sand (GRILL 4557/3/976).
     b) Klafterbrunn — Graben nordwestlich der Ortschaft. 1 km westlich vom Bildstock 407. Tonmergel (GRILL 4557/3/947).
     c) Korneuburg — Tiefbohrung der Fa. RITZ & Co. Mergeliger Ton. Reiche Nannoflora im Kern 798,5 bis 804,8 m.
Literarischer Beleg zu den Punkten D. a) bis c): STRADNER 1962b, S. A 106.
E. a) Altenmarkt — Tiefbohrung der ÖMV (2638—2641,8 m).
     b) Staatz — Tiefbohrung der ÖMV (3520—3565,2 m).
Literarischer Beleg zu den beiden Fundpunkten E.: STRADNER 1964, S. 138.
F. a) Südhang des Kronawetberges, 500 m östlich Klein-Engersdorf (HEKEL 1968, S. 325).
     b) Brunnen-Neubau SW Luisenmühle, Kalkmergel, bunter Schiefer und Kalksandstein (HEKEL 1968, S. 327).
G.   Hagenbachklamm (STRADNER 1969a, S. 413).

Stratigr. Niveau:

Den einzelnen Angaben ist jeweils die Buchstabenbezeichnung des oben angeführten geographischen Vorkommens beigefügt.

Torton — A

Eocän — B und G.

Danien — C

Oberkreide — F

Turon — D

Malm — E

Dogger — STRADNER (1964, S. 139) gibt an, daß die Spezies auf österreichischem Gebiet vorkommt.

Aufbewahrung: Geol. Bundesanst. Wien, Abt. f. Erdöl-Geol.

Coccolithus petrinus STRADNER, 1969

1969 (*Coccolithus petrinus*) STRADNER 1969a, S. 413.

Geogr. Vorkommen: Hagenbachklamm.

Stratigr. Niveau: Eocän.

Aufbewahrung: Geol. Bundesanst. Wien, Abt. f. Erdöl-Geol.

Coccolithus placomorphus (KAMPTNER, 1948) KAMPTNER, 1956

1948 (*Tremalithus placomorphus*) KAMPTNER 1948, S. 7, Fig. 11 auf Taf. 2.
1956 (*Coccolithus placomorphus*) KAMPTNER 1956, S. 10.

Geogr. Vorkommen:

(1) Nußberg bei Wien, Steinbruch in der Nähe des Gasthauses „Eichelhof" (KAMPTNER 1948, S. 7).

(2) Frättingsdorf (STRADNER 1963c, S. 160, Fig. 4 und 5 auf Taf. 23.

(3) An den von GRILL (1961) für die Gegend von Krems und Spitz angegebenen Fundpunkten von Nannofossilien.

(4) Schußbohrungspunkte L 107/75 und 78 der ÖMV bei Kleinschweinbarth.

(5) Reingruberhöhe bei Bruderndorf.

Literarischer Beleg für die Fundpunkte 4 und 5: STRADNER 1964, S. 135.

Stratigr. Niveau:

Torton — Fundpunkte 1 und 2.

Ober-Eocän — Punkte 3 bis 5.

Aufbewahrung: Geol. Bundesanst. Wien, Abt. f. Erdöl-Geol.

Coccolithus sestromorphus (KAMPTNER, 1948) KAMPTNER, 1956

1948 (*Tremalithus sestromorphus*) KAMPTNER 1948, S. 8, Fig. 12 auf Taf. 2.
1956 (*Coccolithus sestromorphus*) KAMPTNER 1956, S. 10.
1963 (*Coccolithus sestromorphus*) STRADNER 1963d, S. A 75.

Geogr. Vorkommen:

(1) Baden bei Wien, Nußdorf, Frättingsdorf, Ameis, Ernsdorf, Altruppersdorf, Stützenhofen, ferner Mühldorf im Lavantthal (STRADNER 1963d, S. A 76).

(2) Soos bei Baden (STRADNER & PAPP 1961, S. 84).

Stratigr. Niveau: Torton (Badener Tegel — KAMPTNER 1948; Amphisteginen-Mergel — STRADNER 1963d).

Aufbewahrung: Geol. Bundesanst. Wien, Abt. f. Erdöl-Geol.

Genus: *Corannulus* STRADNER, 1962

Corannulus arenarius STRADNER, 1962

1962 (*Corannulus arenarius*) STRADNER 1962a, S. 366, Fig. 14 bis 20 auf Taf. 1.

Geogr. Vorkommen: Reingruberhöhe (Steinbruch) bei Bruderndorf. Basaler Glaukonitsand (STRADNER 1962a) — Waschbergzone (STRADNER 1969b, S. 665).

Stratigr. Niveau: Ober-Eocän (jüngeres Led).

Aufbewahrung: Geol. Bundesanst. Wien, Abt. f. Erdöl-Geol., Präp. RH 14 B.

Corannulus germanicus STRADNER, 1962

1962 (*Corannulus germanicus*) STRADNER 1962a, S. 366, Fig. 21 bis 30 auf Taf. 1.

Geogr. Vorkommen: Reingruberhöhe bei Bruderndorf (STRADNER 1962a) — Waschbergzone (STRADNER 1969b, S. 665).

Stratigr. Niveau: Ober-Eocän.

Aufbewahrung: Geol. Bundesanst. Wien, Abt. f. Erdöl-Geol., Präp RH 14/F.

Genus: *Corollithion* STRADNER, 1961

Corollithion exiguum STRADNER, 1961

1961 (*Corollithion exiguum*) STRADNER 1961, S. 83, Abb. 58 bis 61.

Geogr. Vorkommen: Waidach.

Stratigr. Niveau: Obere Kreide (Senon).

Aufbewahrung: Geol. Bundesanst. Wien, Abt. f. Erdöl-Geol., Präp. WA 01/G.

Corollithion signum STRADNER, 1963

1963 (*Corollithion signum*) STRADNER 1963a, S. 177.

Geogr. Vorkommen: Klafterbrunn (GRILL 4557/3/947).

Stratigr. Niveau: Ober-Turon (Emscher).

Aufbewahrung: Geol. Bundesanst. Wien, Abt. f. Erdöl-Geol., Präp. KLB 4/A.

Genus: *Cribrosphaera* ARCHANGELSKY, 1912

Cribrosphaera disticha (BRAMLETTE & SULLIVAN, 1961) nov. comb.

1954 (*Coccolithites distichus*) BRAMLETTE & SULLIVAN 1961, S. 152, Fig. 8 auf Taf. 7.
1963 (*Coccolithites distichus*) STRADNER 1963b, S. 76, Fig. 3 und 4 auf Taf. 9.

Geogr. Vorkommen: Helvetikum nördlich der Stadt Salzburg, Stat. 63/2/32/24 der RAG.

Stratigr. Niveau: Mittleres Paläocän, Zone D der Gliederung von K. GOHRBANDT 1963.

Aufbewahrung: Geol. Bundesanst. Wien, Abt. f. Erdöl-Geol.

Cribrosphaera ehrenbergi ARCHANGELSKY, 1912

1912 (*Cribrosphaera ehrenbergi*) ARCHANGELSKY 1912, S. 412, Fig. 19 und 20 auf Taf. 6.
1962 (*Cribrosphaerella ehrenbergi*) DEFLANDRE 1952, S. 111, Abb. 54.
1962 (*Cribrosphaerella ehrenbergi*) STRADNER 1962b, S. A 106.

Geogr. Vorkommen:
(1) Frättingsdorf (STRADNER 1963c, S. 160).
(2) Michelstetten — Aufgrabungen an dem nach N schauenden Hang, 1 km nordöstlich der Kirche von Michelstetten. Mergel (GRILL 4557/3/1194).
(3) Klement — Steilhang am Südende des Dorfes. Mergeliger Sand (GRILL 4557/3/
976).
(4) Klafterbrunn — Graben nordwestlich der Ortschaft. Tonmergel (GRILL 4557/3/
947).
(5) Korneuburg — Tiefbohrung 2 (798,5—804,8 m) der Fa. RITZ & Co. Mergeliger
Ton.
Literarische Belege für Fundpunkte 2 bis 5: STRADNER 1962b, S. A 106.

Stratigr. Niveau:
Torton — Fundpunkt 1 (umgelagert aus der Oberkreide).
Maestricht — Punkt 2.
Turon — Punkte 3 bis 5.

Aufbewahrung: Geol. Bundesanst. Wien, Abt. f. Erdöl-Geol.

Genus: *Cyclococcolithus* KAMPTNER, 1954

Cyclococcolithus astroporus STRADNER, 1963

1963 (*Cyclococcolithus astroporus*) STRADNER 1963b, S. 75, Abb. 3 (2a, b S. 73), Fig. 5 bis 7
auf Taf. 9.

Geogr. Vorkommen: Südhelveticum nördlich der Stadt Salzburg, Stat. 63/2/30/4 der
RAG.

Stratigr. Niveau: Paläocän, Zone A der Gliederung von K. GOHRBANDT 1963), desgleichen Unter-Eocän, Zone F (STRADNER 1963b, S. 34).

Aufbewahrung: Geol. Bundesanst. Wien, Abt. f. Erdöl-Geol., Präp. Oich 30/4.

Cyclococcolithus gammation (BRAMLETTE & SULLIVAN, 1961) nov. comb.

1861 (*Coccolithites gammation*) BRAMLETTE & SULLIVAN 1961, S. 152, Fig. 7 und 14 auf
Taf. 7.
1964 (*Coccolithus gammation*) STRADNER 1964, S. 135.

Geogr. Vorkommen:
(1) Seitenstetten, Tiefbohrung 1 (488—493 m und 996—1001 m) der ÖMV.
(2) Texing, Tiefbohrung 1 (20—21,5 m) der ÖMV.
(3) Hagenbachklamm (STRADNER 1969, S. 414).

Stratigr. Niveau:
Mittel-Oligocän — Fundpunkte 1 und 2.
Eocän — Fundpunkt 3.

Aufbewahrung: Geol. Bundesanst. Wien, Abt. f. Erdöl-Geol.

Cyclococcolithus inversus (Deflandre, 1954) Stradner

1954 (*Cyclococcolithus leptoporus* var. *inversus*) Deflandre & Fert 1954, S. 150.
1969 (*Cyclococcolithus inversus*) Stradner 1969b, S. 665.

Geogr. Vorkommen: Waschberg-Zone.

Stratigr. Niveau: Ober-Eocän.

Aufbewahrung: Geol. Bundesanst. Wien, Abt. f. Erdöl-Geol.

Cyclococcolithus leptoporus (Murray & Blackman, 1898) Kamptner, 1954

1898 (*Coccosphaera leptopora*) Murray & Blackman 1898, S. 430, 439, Fig. 1, 3, 5, 5a
    auf Taf. 15.
1902 (*Coccolithophora leptopora*) Lohmann 1902, S. 138, Fig. 52 auf Taf. 5.
1930 (*Coccolithus leptoporus*) Schiller 1930, S. 245, Abb. 121, 122.
1948 (*Coccolithus leptoporus*) Kamptner 1948, S. 9.
1954 (*Cyclococcolithus leptoporus*) Kamptner 1954, S. 23, Abb. 20 (S. 24).

Geogr. Vorkommen:
    (1) Baden bei Wien, Ziegelei Soos.
    (2) Nußdorf, Wien XIX, Grünes Kreuz, Dennweg.
    (3) Frättingsdorf (Stradner 1963c, S. 160, Fig. 3 und 4 auf Taf. 24).
    (4) Ameis.
    (5) Ernsdorf.
    (6) Altruppersdorf. Baugrube am westlichen Ortseingang (Grill 4557/2/505).
    (7) Stützenhofen. Feldweg südlich des Dorfes, ca. 30 m nördlich des Waldrandes
        (Grill 4557/2/116).
    (8) Mühldorf im Lavantthal.
    Beleg zu den Fundpunkten 1 bis 8: Stradner 1963c, S. 155.
    (9) WSW Hochrotherd, südöstlich Kote 484, nördlich vom Kaiser-Franz-Joseph-
        Gedenkstein, nördliche Straßenböschung (Brix 1961, S. 86, Aufschluß Nr. 1695).

Stratigr. Niveau:
    Torton — Fundpunkte 1 bis 8.
    Eocän — WSW Hochrotherd.

Aufbewahrung: Geol. Bundesanst. Wien, Abt. f. Erdöl-Geol.

Cyclococcolithus rotula (Kamptner, 1948) Stradner, 1963

1948 (*Tremalithus rotula*) Kamptner 1948, S. 8, Fig. 15 auf Taf. 2.
1963 (*Cyclococcolithus rotula*) Kamptner 1963, S. 10.
1963 (*Cyclococcolithus rotula*) Stradner 1963c, S. 158, Abb. 4 und 5 (auf S. 157), Fig. 10
    auf Taf. 24.

Geogr. Vorkommen:
    (1) Baden bei Wien (Kamptner 1948, S. 8).
    (2) Ziegelei Ameis (Stradner 1963c, S. 158).
    (3) Nußdorf, Frättingsdorf, Ernsdorf, Altruppersdorf, Stützenhofen, Mühldorf im
        Lavantthal (Stradner 1963b, S. A 75).

Stratigr. Niveau: Torton.

Aufbewahrung: Geol. Bundesanst. Wien, Abt. f. Erdöl-Geol.

Genus: ***Cyclolithella*** LOEBLICH & TAPPAN, 1963

Cyclolithella robusta (BRAMLETTE & SULLIVAN, 1961) STRADNER, 1969

1961 (*Cyclolithus? robustus*) BRAMLETTE & SULLIVAN 1961, S. 141, Fig. 7 auf Taf. 2.
1969 (*Cyclolithella robusta*) STRADNER 1969a, S. 414.

Geogr. Vorkommen: Hagenbachklamm.

Stratigr. Niveau: Eocän.

Aufbewahrung: Geol. Bundesanst. Wien, Abt. f. Erdöl-Geol.

Genus: ***Cyclolithus*** KAMPTNER, 1948

Cyclolithus ellipticus KAMPTNER, 1948

1948 (*Cyclolithus ellipticus*) KAMPTNER 1948, S. 6, Fig. 18 auf Taf. 2.

Geogr. Vorkommen: Nußberg bei Wien, Steinbruch in der Nähe des Gasthauses „Eichelhof".

Stratigr. Niveau: Torton (Amphisteginen-Mergel).

Cyclolithus inflexus KAMPTNER, 1948

1948 (*Cyclolithus inflexus*) KAMPTNER 1948, S. 7, Fig. 14 auf Taf. 2).

Geogr. Vorkommen: Nußberg bei Wien, Steinbruch in der Nähe des Gasthauses „Eichelhof".

Stratigr. Niveau: Torton (Amphisteginen-Mergel).

Cyclolithus rotundus KAMPTNER, 1948

1948 (*Cyclolithus rotundus*) KAMPTNER 1948, S. 6, Fig. 19 auf Taf. 2.

Geogr. Vorkommen: Nußberg bei Wien, Steinbruch in der Nähe des Gasthauses „Eichelhof".

Stratigr. Niveau: Torton (Amphisteginen-Mergel).

Genus: ***Deflandrius*** BRAMLETTE & MARTINI, 1964

Deflandrius intercisus BRAMLETTE & MARTINI, 1964

1964 (*Deflandrius intercisus*) BRAMLETTE & MARTINI 1964, S. 301, Fig. 13 bis 16 auf Taf. 2.
1968 (*Deflandrella intercisa*) HEKEL 1968, S. 329 (soll richtig heißen: *Deflandrius intercisus*).

Geogr. Vorkommen: Graben SW Haberfeld.

Stratigr. Niveau: Maestricht.

Aufbewahrung: Geol. Bundesanst. Wien, Abt. f. Erdöl-Geol.

Genus: *Discoaster* TAN SIN HOK, 1927

Discoaster aster BRAMLETTE & RIEDEL, 1954

1954 (*Discoaster aster*) BRAMLETTE & RIEDEL 1954, S. 400, Fig. 7 auf Taf. 39.
1958 (*Discoaster aster*) STRADNER 1958, S. 185, Abb. 20 bis 23.
1959 (*Discoaster aster*) STRADNER 1959a, S. 1088, Abb. 29.
1961 (*Discoaster aster*) STRADNER & PAPP 1961, S. 63, Abb. 8/1, Fig. 1 bis 7 auf Taf. 1.

Geogr. Vorkommen:
(1) Korneuburg, Tiefbohrung 1 der Fa. RITZ & Co. (bei 242 m) (STRADNER 1958, S. 185).
(2) Puchkirchen, Tiefbohrung 1 der RAG (STRADNER 1959a, S. 1088).
(3) Eitelgraben, Stat. 18c (STRADNER & PAPP 1961, S. 64).

Stratigr. Niveau:
Helvet — Korneuburg.
Oligocän — Puchkirchen.
Paläocän — Eitelgraben.

Aufbewahrung: Geol. Bundesanst. Wien, Abt. f. Erdöl-Geol.

Discoaster barbadiensis TAN SIN HOK, 1927

1927 (*Discoaster barbadiensis*) TAN SIN HOK 1927, S. 119.
1927 (*Discoaster barbadiensis*, var. *bebalaini*) TAN SIN HOK, S. 119, Abb. 4.
1927 (*Discoaster ehrenbergi*) TAN SIN HOK 1927, S. 119, Abb. 2 und 3 auf S. 118.
1958 (*Discoaster barbadiensis*) STRADNER 1958, S. 183, Abb. 11 bis 14.

Geogr. Vorkommen:
(1) Korneuburg, Tiefbohrung (L. RITZ), bei 242 m (STRADNER 1958, S. 184).
(2) Laa a. d. Thaya (STRADNER & PAPP 1961, S. 145).
(3) Baden bei Wien — Nußdorf, Wien XIX — Frättingsdorf — Ameis — Ernsdorf — Altruppersdorf (GRILL 4557/2/505) — Stützenhofen (GRILL 4557/2/116) — Mühldorf im Lavantthal.
(4) Texing, Tiefbohrung 1 der ÖMV (STRADNER & PAPP 1961, S. 145).
(5) Wienerwald-Aufschlüsse:
a) Hagenbachklamm bei St. Andrä, 200 m N der Kote 280 m. Ostufer, Hangrutschung. Mergel (BRIX 1961, S. 95, Aufschluß Nr. 112).
b) „Eiserne Hand" NNO Schottenhof, SW von Kreuzbühel, O der Kleinen Moschinger Wiese. Bachbett. Kalkmergel (BRIX 1961, S. 96, Aufschluß Nr. 118).
c) Schafberg bei Neuwaldegg, SW-Ecke des Pötzleinsdorfer Parks. N vom Kote 336. Ausbisse am Waldboden. Sandstein (BRIX 1961, S. 96, Aufschluß Nr. 1400).
d) NO von Großhöniggraben, SO Grafenberg (Kote 525), NW von Kote 457. Aufgelassener Steinbruch. Tonstein (BRIX 1961, S. 96, Aufschluß Nr. 1961).
e) NO von St. Corona am Schöpfl. NO der Kote 648. W der Straßenböschung. Ton (BRIX 1961, S. 96, Aufschluß Nr. XXXIV).
f) NNO Klamm-Leopoldsdorf, N vom Lichtriegel, Kote 544, südlich der Kote 529, nördliche Straßenböschung. Tonmergel (BRIX 1961, S. 96, Aufschluß Nr. XXXVI).
(6) Mattsee, Seeham, Holzmannberg, St. Pankraz, Holzhäusel, Oichtenthal (STRADNER & PAPP 1961, S. 140—142).
(7) Puchkirchen, Tiefbohrung I der RAG (ibidem, S. 145).

(8) Michelberg (ibidem, S. 139).
(9) 550 m südöstlich Thüringer Hof (HEKEL 1968, S. 321).
(10) Graben NO Mollmannsdorf. Bunter Tonmergel mit Lagen von quarzitischem Sandstein (HEKEL 1968, S. 332).

Stratigr. Niveau:
Helvet — Fundpunkte 1 und 2.
Torton — Fundpunkte der Reihe 3.
Mittel-Oligocän — Punkte 4 und 7.
Eocän — Wienerwald-Aufschlüsse 5a bis f, desgleichen die Punkte der Reihe 6 und die Punkte 9 und 10.
Oberes Paläocän (Cuisien) — Michelberg.

Aufbewahrung: Geol. Bundesanst. Wien, Abt. f. Erdöl-Geol.

Discoaster binodosus MARTINI, 1958

1958 (*Discoaster binodosus* MARTINI 1958, S. 362, Fig. 18 und 19 auf Taf. 4.
1959 (*Discoaster binodosus*) STRADNER 1959a, S. 1085, Abb. 18 und 19 (S. 1086).

Geogr. Vorkommen:
(1) Oichtenthal, Stat. 258 (STRADNER 1959a, S. 1086).
(2) Seeham, Stat. 74 (STRADNER 1959b, S. 479).
(3) Südhelvetikum nördlich der Stadt Salzburg, Stat. 63/2/200/1 der RAG (STRADNER 1963b, S. 79).
(4) Texing, Tiefbohrung 1 der ÖMV (590—595 und 682—687 m).
(5) Hagenbachklamm bei St. Andrä, 200 m nördlich der Kote 280. Ostufer. Hangrutschung. Grauer bis braungrauer Mergel (BRIX 1961, S. 95, Aufschluß Nr. 112).
(6) Graben in der Nähe der Kirche Kleinrötz. Tonmergel.
(7) OSO Mühlratsberg (N Pfösing). Tonmergel.
(8) 800 m südlich Manhartsbrunn. Mergelschiefer.
(9) Beim Wegweiser 1100 m NO Glockenberg, Kote 365. Mergelschiefer.
(10) Graben N Donaubrunn, 250 m NW des Weges auf Gemeindegrenze.
(11) Graben NO Mollmannsdorf. Bunter Tonmergel mit Lagen von quarzitischem Sandstein.
Nachweise für die Punkte 6 bis 11: HEKEL 1968, S. 321 bis 332.

Stratigr. Niveau:
Mittleres Eocän — Fundpunkte 1 und 2.
Unteres Eocän — Punkte 3 (Zone F der Gliederung von GOHRBANDT 1963) und 11.
Mittleres bis unteres Eocän — Punkt 5.
Paläocän — Punkte 4 und 6 bis 10.

Aufbewahrung: Geol. Bundesanst. Wien, Abt. f. Erdöl-Geol.

Discoaster challengeri BRAMLETTE & RIEDEL, 1954

1954 (*Discoaster challengeri*) BRAMLETTE & RIEDEL 1954, S. 401, Fig. 10 auf Taf. 39.
1959 (*Discoaster challengeri*) STRADNER 1959a, S. 1087, Abb. 26 (S. 1088).

Geogr. Vorkommen:
(1) Baden bei Wien, Nußdorf, Frättingsdorf, Ameis, Ernsdorf, Altruppersdorf, Stützenhofen, ferner Mühldorf im Lavantthal (STRADNER 1963d, S. A 76).
(2) Soos bei Baden (STRADNER & PAPP 1961, S. 84).

Stratigr. Niveau: Torton.
Aufbewahrung: Geol. Bundesanst. Wien, Abt. f. Erdöl-Geol.

Discoaster claviger KAMPTNER, 1964

1964 (*Discoaster claviger*) KAMPTNER 1964, S. 186, Abb. 4, Fig. 2 auf Taf. 2.

Geogr. Vorkommen: Staatz (Kautendorf).

Stratigr. Niveau: Plistocän, auf allochthon-heterochroner Lagerstätte.

Discoaster colleti PARÉJAS, 1934

1934 (*Discoaster colleti*) PARÉJAS 1934, S. 103.
1939 (*Discoaster colleti*) BERSIER, S. 237.
1959 (*Discoaster colleti*) STRADNER 1959b, S. 478, Abb. 30—32 auf S. 483.

Geogr. Vorkommen: Mattsee, Holzhäusel und Seeham (STRADNER & PAPP, S. 140, 141).

Stratigr. Niveau: Mittleres Eocän.

Aufbewahrung: Geol. Bundesanst. Wien, Abt. f. Erdöl-Geol.

Discoaster cruciformis MARTINI, 1959

1959 (*Discoaster cruciformis*) MARTINI 1959, S. 357, Fig. 9a, b auf Taf. 2.
1959 (*Discoaster cruciformis*) STRADNER 1959a, S. 1085, Abb. 13.

Geogr. Vorkommen: Mattsee.

Stratigr. Niveau: Mittel-Paläocän (Thanétien).

Aufbewahrung: Geol. Bundesanst. Wien, Abt. f. Erdöl-Geol.

Discoaster currens STRADNER, 1959

1959 (*Discoaster currens*) STRADNER 1959a, S. 1083, Abb. 6 (S. 1084).
1959 (*Discoaster currens*) STRADNER 1959b, S. 477, Abb. 12, 13 und 18 (auf S. 482).
1961 (*Discoaster currens*) STRADNER & PAPP 1961, S. 91, Abb. 9/1, Fig. 1 bis 7 auf Taf. 23, Fig. 1 bis 5 auf Taf. 24.

Geogr. Vorkommen: Mattsee, Stat. 130 und 133 der Kartierung BRAUMÜLLER (STRADNER 1959b, S. 478).

Stratigr. Niveau:
Paläocän (Thanétien) — Stat. 133.
Mittleres Eocän — Stat. 130.

Aufbewahrung: Geol. Bundesanst. Wien, Abt. f. Erdöl-Geol., Präp. S 2/3.

Discoaster deflandrei BRAMLETTE & RIEDEL, 1954

1954 (*Discoaster deflandrei*) BRAMLETTE & RIEDEL 1954, S. 399, Abb. 1a und c.
1958 (*Discoaster deflandrei*) STRADNER 1958, S. 184, Abb. 17 bis 19.

Geogr. Vorkommen:
(1) Korneuburg, Tiefbohrung 1 (242 m) der Fa. RITZ & Co. (STRADNER 1958, S. 184).
(2) Frättingsdorf, Ziegelei (STRADNER 1963c, S. 160, Fig. 11 auf Taf. 24).
(3) Puchkirchen (STRADNER 1959a, S. 1087).
(4) Marzoll (STRADNER & PAPP 1961, S. 72).
(5) Mattsee (Ibidem).
(6) Holzhäusel (STRADNER & PAPP 1961, S. 140).

(7) Aufschlüsse im Wienerwald:
  a) Schwarzenbergpark bei Neuwaldegg, östlich der Kote 275. Mergeliger Sandstein (BRIX 1961, S. 95, Aufschluß Nr. 19).
  b) Bachbett bei „Kücherl", südwestlich von Kreuzbühel, nordöstlich von Schottenhof, südöstlich der Kote 312. Glimmerreicher Sandstein (BRIX 1961, S. 96, Aufschluß Nr. 116).
  c) Nordöstlich Großhöniggraben, knapp südöstlich Grafenberg, Kote 525, nordwestlich Kote 457. Aufgelassener Steinbruch. Blättriger Tonstein (BRIX 1961, S. 96, Aufschluß Nr. 1961).
  d) NNO von Klausen-Leopoldsdorf, N von Lichtriegel, Kote 544, südlich von Kote 529. Nördliche Straßenböschung. Tonmergel (BRIX 1961, S. 96, Aufschluß Nr. XXXVI).
(8) Michelberg (STRADNER & PAPP 1961, S. 139).
(9) Tal vom N-Ende Oberkreuzstetten nach WNW. Flysch-Tonmergel (HEKEL 1968, S. 331).
(10) Graben NO Mollmannsdorf, bunter Tonmergel mit Lagen von quarzitischem Sandstein (HEKEL 1968, S. 332).

Stratigr. Niveau (es sind die Nummern der Fundpunkte angegeben):
  Helvet — 1.
  Torton — 2.
  Unter-Oligocän — 3.
  Mittel-Eocän — 4 und 5.
  Eocän — 7, desgleichen 9 und 10.
  Oberes Paläocän — 8.
Aufbewahrung: Geol. Bundesanst. Wien, Abt. f. Erdöl-Geol.

Discoaster distinctus MARTINI, 1958

1958 (*Duscoaster distinctus*) MARTINI 1958, S. 763, Fig. 17a, b auf Taf. 4.
1959 (*Discoaster distinctus*) STRADNER 1959a, S. 1086, Abb. 20.
1961 (*Discoaster distinctus*) STRADNER & PAPP 1961, S. 72, Abb. 8/8 (S. 52), Fig. 1a, b auf Taf. 11.

Geogr. Vorkommen:
  (1) Frättingsdorf, Ziegelei (STRADNER 1963c, S. 160).
  (2) Mattsee & Oichtenthal (STRADNER & PAPP 1961, S. 73).
  (3) 550 m südöstlich Thüringerhof. Grauer Tonmergel (HEKEL 1968, S. 321).
Stratigr. Niveau:
  Torton, umgelagert aus dem Alttertiär — Frättingsdorf.
  Mittel-Eocän — Eocän — Mattsee, Oichtenthal und SO Thüringerhof.
Aufbewahrung: Geol. Bundesanst. Wien, Abt. f. Erdöl-Geol.

Discoaster elegans BRAMLETTE & SULLIVAN, 1961

1961 (*Discoaster elegans*) BRAMLETTE & SULLIVAN 1961, S. 159, Fig. 16a, b auf Taf. 11.
1961 (*Discoaster elegans*) STRADNER & PAPP 1961, S. 97, Abb. 9 (8), Fig. 4a, b auf Taf. 28.
1961 (*Discoaster stradneri*) MARTINI 1961, S. 10, Fig. 22 auf Taf. 2, Fig. 52 auf Taf. 5.

Geogr. Vorkommen:
  (1) Oichtenthal, Stat. 258/7 der RAG (STRADNER & PAPP 1961).
  (2) Hagenbachklamm (STRADNER 1969a, S. 407).
Stratigr. Niveau: Eocän.
Aufbewahrung: Geol. Bundesanst. Wien, Abt. f. Erdöl-Geol.

Discoaster gemmeus Stradner, 1959

1959 (*Discoaster gemmeus*) Stradner 1959a, S. 1086, Abb. 21.
1959 (*Discoaster gemmeus*) Stradner 1959b, S. 479, Abb. 40 (S. 484).
1961 (*Discoaster gemmeus*) Stradner & Papp 1961, S. 77, Abb. 8/13 (S. 52), Fig. 1, 2, 4, 8 auf Taf. 12.

Geogr. Vorkommen:
    (1) Mattsee, Stat. 133 und Stat. 18 der RAG (Stradner 1959b; Stradner & Papp 1961).
    (2) Eitelgraben (Stradner & Papp 1961).
    (3) beim Wegweiser 1100 m NO Glockenberg, Kote 365 Mergelschiefer (Hekel 1968, S. 327).
    (4) Hagenbachklamm (Stradner 1969a, S. 408).

Stratigr. Niveau:
    Mittel-Eocän (Lutétien) — Mattsee.
    Eocän — Mattsee und Hagenbachklamm.
    Paläocän — NO Glockenberg.
    Oberes Paläocän (tiefere Zone E der Gliederung von Gohrbandt) — (Stradner 1963b, S. 79).
    Mittel-Paläocän (Thanétien) — Mattsee.
    Tieferes Paläocän — Eitelgraben.

Aufbewahrung: Geol. Bundesanst. Wien, Abt. f. Erdöl-Geol., Präp. S. 2/5.

Discoaster gemmifer Stradner, 1961

1961 (*Discoaster gemmifer*) Stradner 1961, S. 86, Abb. 83 (S. 85).

Geogr. Vorkommen:
    (1) Frättingsdorf (Stradner 1963c, S. 160).
    (2) Mattsee, Stat. 130 (Stradner & Papp 1961, S. 140).
    (3) Seeham, Tiefbohrung der RAG, Stat. 74 (Ibidem, S. 142).
    (4) Texing, Tiefbohrung 1 der ÖMV (635,6—639,6 m, 734,5—738 m, 1016—1021 m) (Stradner 1964, S. 136).
    (5) 550 m südöstlich Thüringerhof. Grauer Tonmergel (Hekel 1968, S. 321).
    (6) 1000 m WNW der Kirche Königsbrunn. Dünne Sandsteinlagen zwischen Mergelschiefer (Hekel 1968, S. 325).
    (7) Hagenbachklamm (Stradner 1969a, S. 408).

Stratigr. Niveau:
    Torton (umgelagert aus dem Alttertiär) — Fundpunkt 1.
    Eocän — Fundpunkte 2 bis 7.

Aufbewahrung: Geol. Bundesanst. Wien, Abt. f. Erdöl-Geol., Präp. MA/12/A.

Discoaster hilli Tan Sin Hok, 1927

1927 (*Discoaster hilli*) Tan Sin Hok 1927, S. 120.
1959 (*Discoaster hilli*) Stradner 1959a, S. 1086, Abb. 22 (S. 1087).
1961 (*Discoaster hilli*) Stradner & Papp 1961, S. 77, Abb. 8/14, Fig. 3 bis 8 auf Taf. 12.

Geogr. Vorkommen:
    (1) Korneuburg, Tiefbohrung 1 der Fa. Ritz & Co. (bei 242 m).
    (2) Laa a. d. Thaya, Ziegelei Brandhuber.
    (3) Baden bei Wien.
    (4) Frättingsdorf, Ziegelei.

(5) Puchkirchen, Tiefbohrung 1 der RAG.
(6) Texing, Tiefbohrung der ÖMV.
(7) Mattsee, Stat. 130 der Katierung BRAUMÜLLER.
(8) Holzmannberg.
(9) Kühlgraben.
(10) Michelberg.
Belege für die angeführten Fundpunkte: STRADNER & PAPP 1961, S. 139 bis 146.

Stratigr. Niveau:
Helvet — Korneuburg und Laa a. d. Thaya.
Torton — Baden und Frättingsdorf.
Mittel-Oligocän (Rupel) — Puchkirchen und Texing.
Mittel-Eocän — Mattsee und Holzmannberg.
Unter-Eocän — Kühlgraben und Michelberg.

Aufbewahrung: Geol. Bundesanst. Wien, Abt. f. Erdöl-Geol.

Discoaster kuepperi STRADNER, 1959

1959 (*Discoaster kuepperi*) STRADNER 1959b, S. 478, Abb. 17, 21 (S. 482).
1961 (*Discoaster kuepperi*) STRADNER 1961, S. 86, Abb. 86 bis 88 (S. 85).
1961 (*Discoasteroides kuepperi*) BRAMLETTE & SULLIVAN 1961, S. 163, Fig. 16a, b, 17, 18a—c, 19 auf Taf. 13.
1961 (*Discoaster kuepperi*) STRADNER & PAPP 1961, S. 93, Abb. 9/6, 16, Fig. 1 bis 6 auf Taf. 27.

Geogr. Vorkommen:
(1) Baden — Frättingsdorf — Ameis — Ernsdorf — Altruppersdorf — Stützenhofen — Mühldorf im Lavantthal (STRADNER 1963d, S. A 75).
(2) Hagenbachklamm bei St. Andrä, ca. 200 m nördlich von Kote 280. Ostufer, Hangrutschung. Mergel (BRIX 1961, S. 95, Aufschluß Nr. 112).
(3) Mattsee — Stat. 130 (STRADNER & PAPP, S. 95).
(4) 1000 m WNW der Kirche Königsbrunn. Dünne Sandsteinlagen zwischen Mergelschiefer (HEKEL 1968, S. 325).
(5) Graben NO Mollmannsdorf. Bunter Tonmergel, Lagen von quarzitischem Sandstein (HEKEL 1968, S. 332).
(6) 550 m südöstlich Thüringerhof (HEKEL 1968, S. 321).
Nachweise für die Punkte 4 bis 6: HEKEL 1968, S. 321 bis 332.

Stratigr. Niveau:
Den einzelnen Niveaus sind die Nummern der geogr. Vorkommen beigefügt.
Torton — Fundpunkte der Reihe 1.
Eocän — Fundpunkte 2 und 3.

Aufbewahrung: Geol. Bundesanst. Wien, Abt. f. Erdöl-Geol., Präp. S. 3/10.

Discoaster lenticularis BRAMLETTE & SULLIVAN, 1961

1961 (*Discoaster lenticularis*) BRAMLETTE & SULLIVAN 1961, S. 160, Fig. 1 und 2 auf Taf. 12.
1969 (*Discoaster lenticularis*) STRADNER 1969a, S. 409.

Geogr. Vorkommen: Hagenbachklamm.

Stratigr. Niveau: Eocän.

Aufbewahrung: Geol. Bundesanst. Wien, Abt. f. Erdöl-Geol.

Discoaster lodoensis BRAMLETTE & RIEDEL, 1954

1954 (*Discoaster lodoensis*) BRAMLETTE & RIEDEL 1954, S. 398, Fig. 3a und b auf Taf. 19.
1958 (*Discoaster lodoensis*) STRADNER 1958, S. 182, Abb. 8 bis 10.

Geogr. Vorkommen:
  (1) Korneuburg, Tiefbohrung 1 (242 m) der Fa. L. RITZ & Co.
  (2) Laa a. d. Thaya, Ziegelei BRANDHUBER.
  (3) Baden bei Wien (Ziegelei Soos).
  (4) Ziegelei Frättingsdorf.
  (5) Wien-Nußdorf.
  (6) Mattsee, Stat. 130 und 138 (Kartierung BRAUMÜLLER).
  (7) Holzhäusel.
  (8) St. Pankraz, Stat. 184 (Kartierung BRAUMÜLLER).
  (9) Seeham.
  (10) Oichtenthal.
  (11) Fundpunkte im Wienerwald:
      a) Schwarzenberg-Park bei Neuwaldegg, O der Kote 275. Mergeliger Sandstein (BRIX 1961, S. 95, Aufschluß Nr. 19).
      b) Hagenbachklamm bei St. Andrä. 200 m nördlich der Kote 280. Ostufer. Mergel (BRIX 1961, S. 95, Aufschluß Nr. 112).
      c) Schafberg bei Neuwaldegg, südlich der Ecke des Pötzleinsdorfer Parks, nördlich der Kote 336. Sandstein (BRIX 1961, S. 96, Aufschluß Nr. 1400).
      d) NO Großhöniggraben, SO Grafenberg (Kote 225, NW Kote 457). Aufgelassener Steinbruch. Tonstein (BRIX 1961, S. 96, Aufschluß 1961).
      e) Steinbruch knapp nördlich Klamm-Leopoldsdorf. Hainbachthal, östliche Talseite. Tonmergel (BRIX 1961, S. 96, Aufschluß Nr. 35).
      f) NNO Klausen-Leopoldsdorf, N Lichtriegel (Kote 544, S der Kote 529). Nördliche Straßenböschung. Tonmergel (BRIX 1961, S. 96, Aufschluß Nr. XXXVI).
  (12) Texing.
  (13) a) Althöflein, Tiefbohrung 1 (696,7—892,5 m) der ÖMV.
      b) Gösting, Tiefbohrung 42 (1426,9—1428,4 m) der RAG.
      c) Gösting, Tiefbohrung 58 (1282—1288,5 m und 1336,1—1344,3 m) (RAG).
      d) Linenberg, Tiefbohrung 2 (837—1045 m, 2264—2266 m, 2943,5—2948,5 m) der ÖMV.
  (14) Kühlgraben.
  (15) Michelberg.
  (16) Mattsee.
  (18) Kühlgraben.
  (19) 550 m südöstlich Thüringerhof. Grauer Tonmergel (HEKEL 1968, S. 321).
  (20) 1000 m WNW der Kirche Königsbrunn. Dünne Sandsteinlagen zwischen Mergelschiefer (HEKEL 1968, S. 325).
  (21) Weg Schleinbach—Glockenberg, bei Höhenlinie 260. Nannoplanktonproben aus Flyschschiefer (HEKEL 1968, S. 327).
  (22) Tal vom Nordende Oberkreuzstetten nach WNW. Flysch-Tonmergel (HEKEL 1968, S. 331).
  (23) Graben NO Mollmannsdorf. Bunte Tonmergel mit Lagen von quarzitischem Sandstein (HEKEL 1968, S. 332).

Literarische Nachweise:
  1, 2 — STRADNER & PAPP 1961, S. 145.
  3 bis 5 — Ibidem, S. 146, 147.
  6 — Ibidem, S. 93, 146.

7 bis 10 — Ibidem, S. 140.
11 — BRIX 1961, S. 95 bis 97.
12 — STRADNER & PAPP 1961, S. 145.
13a bis d — STRADNER 1964, S. 135, 136.
14 — STRADNER & PAPP 1961, S. 139.
15 — Ibidem, S. 139.
16 — STRADNER 1969, S. 478.
18 — STRADNER & PAPP 1961, S. 139.
19 bis 23 — HEKEL 1968, S. 321 bis 332.

Stratigr. Niveau:
Sarmat — 21.
Helvet — 1, 2.
Torton — 3 bis 5.
Oligocän — 12.
Eocän — 6 bis 11, 13, 14, 19, 20, 22, 23.
Paläocän — 15, 16, 18.

Aufbewahrung: Geol. Bundesanst. Wien, Abt. f. Erdöl-Geol.

Discoaster mediosus BRAMLETTE & SULLIVAN, 1961

1961 (*Discoaster mediosus*) BRAMLETTE & SULLIVAN 1961, S. 161, Fig. 7a, b und 8 auf Taf. 12.
1964 (*Discoaster mediosus*) STRADNER 1964, S. 136.

Geogr. Vorkommen: Texing, Tiefbohrung 1 (590—595 m und 682—687 m) der ÖMV, desgleichen 800 m südlich Mannhartsbrunn, Mergelschiefer (HEKEL 1968, S. 323).

Stratigr. Niveau: Höheres Paläocän.

Aufbewahrung: Geol. Bundesanst. Wien, Abt. f. Erdöl-Geol.

Discoaster mirus DEFLANDRE, 1952

1952 (*Discoaster mirus*) DEFLANDRE 1952, S. 465, Abb. 362z.
1958 (*Discoaster mirus*) STRADNER 1958, S. 186, Abb. 28 bis 32.
1959 (*Discoaster mirus*) STRADNER 1959a, S. 1087, Abb. 23.
1961 (*Discoaster mirus*) STRADNER & PAPP 1961, S. 69.

Geogr. Vorkommen:
(1) Baden bei Wien (STRADNER & PAPP 1961, S. 146).
(2) Frättingsdorf (STRADNER 1963c, S. 160, Fig. 8 und 9 auf Taf. 23).
(3) Korneuburg, Tiefbohrung (242 m), Fa. RITZ & Co. (STRADNER 1958).
(4) Puchkirchen (STRADNER & PAPP 1961, S. 145), Tiefbohrung der RAG.
(5) Texing, Tiefbohrung 1 der ÖMV (Ibidem, S. 145).
(6) Fundpunkte im Wienerwald:
    a) S des Gasthauses Kordon im Halterthal. Tonmergel (BRIX 1961, S. 95, Aufschluß Nr. 38).
    b) Hagenbachklamm bei St. Andrä, NÖ. 200 m nördlich der Kote 280, Ostufer. Mergel (BRIX 1961, S. 95, Aufschluß Nr. 112).
    c) „Eiserne Hand" NNO Schottenhof, SW von Kreuzbühel, O der Kleinen Moschinger Wiese, Bachbett, linkes Ufer. Kalkmergel (BRIX 1961, S.96, Aufschluß Nr. 118).
    d) Schafberg bei Neuwaldegg. Südwestliche Ecke des Pötzleinsdorfer Parks, nördlich der Kote 336. Sandstein (BRIX 1961, S. 96, Aufschluß Nr. 1400).

e) Nordöstlich Großhöniggraben, knapp südöstlich Grafenberg (Kote 525, nordwestlich Kote 457). Aufgelassener Steinbruch. Blättriger Tonstein (BRIX 1961, S. 96, Aufschluß Nr. 1961).

f) Steinbruch knapp nördlich Klausen-Leopoldsdorf. Hainbachthal, östliche Talseite. Splittriger Tonmergel (BRIX 1961, S. 96, Aufschluß Nr. XXXV).

(7) Holzhäusel (STRADNER & PAPP 1961, S. 141).

(8) Holzmannberg (Ibidem, S. 141).

(9) Mattsee, Stat. 130 und 138 der Kartierung BRAUMÜLLER (STRADNER & PAPP 1961, S. 69 und 140).

(10) 550 m südöstlich Thüringerhof, grauer Tonmergel.

(11) Straßenkreuzung östlich Stetten (Kote 280), Tonmergel.

(12) 1000 m WNW der Kirche Königsbrunn, dünne Sandsteinlagen zwischen Mergelschiefer.

(13) Tal vom Nordende Oberkreuzstetten nach WNW, Flysch-Tonmergel.

(14) Graben NO Mollmannsdorf. Bunte Tonmergel mit Lagen von quarzitischem Sandstein.

Nachweise für die Punkte 10 bis 14: HEKEL 1968, S. 321 bis 332.

Stratigr. Niveau:

Torton (umgelagert) — Fundpunkte 1 und 2.

Helvet — Korneuburg.

Rupel (mittl. Oligocän) — Puchkirchen.

Eocän — Reihe der Punkte im Wienerwald, ferner 10, 12, 13, 14.

Mittel-Eocän — Punkt 7, 8 und 9.

Aufbewahrung: Geol. Bundesanst. Wien, Abt. f. Erdöl-Geol.

Discoaster molengraaffi TAN SIN HOK, 1927

1927 (*Discoaster molengraaffi*) TAN SIN HOK 1927, S. 120.

1959 (*Discoaster molengraaffi*) STRADNER 1959a, S. 1085, Abb. 14, 15, 24.

1961 (*Discoaster molengraaffi*) STRADNER & PAPP 1961, S. 80, Abb. 8/17, Fig. 5 und 6 auf Taf. 14.

Geogr. Vorkommen:

(1) Holzmannberg (STRADNER 1959a).

(2) Wien-Nußdorf, Dennweg (STRADNER & PAPP 1961, S. 81).

Stratigr. Niveau:

Mittel-Eocän (Holzmannberg).

Torton (Wien-Nußdorf), wahrscheinlich allochthon-hetrochron.

Aufbewahrung: Geol. Bundesanst. Wien, Abt. f. Erdöl-Geol.

Discoaster multiradiatus BRAMLETTE & RIEDEL, 1954

1954 (*Discoaster multiradiatus*) BRAMLETTE & RIEDEL 1954, S. 396, Fig. 10 auf Taf. 38.

1958 (*Discoaster multiradiatus*) STRADNER 1958, S. 181, Abb. 2 bis 4.

Geogr. Vorkommen:

(1) Korneuburg, Tiefbohrung 1 (242 m) der Fa. L. RITZ & Co.

(2) Laa a. d. Thaya. Ziegelei BRANDHUBER.

(3) Baden. Ziegelei Soos.

(4) Nußdorf, Wien XIX, Grünes Kreuz, Dennweg.

(5) Frättingsdorf, Ziegelei.

(6) Ameis, Ziegelei.

(7) Ernsdorf, Ziegelei.

(8) Altruppersdorf. Baugrube am westlichen Ortseingang (GRILL 4557/2/505).

(9) Stützenhofen. Feldweg südlich des Dorfes, 30 m nördlich des Waldrandes (GRILL 4557/2/116).

(10) Mühldorf im Lavantthal. In der Nähe der Hleunigmühle.

(11) Großgraben. Tiefbohrung K 1 (770—774 m) der ÖMV.

(12) Moosbierbaum. Tiefbohrungen: K 2 (1020—1023,5 m), K 5 (1070—1072,5 m und 1130—1135 m) der ÖMV.

(13) Perschenegg. Tiefbohrung 1 (1699—1714 m) der ÖMV.

(14) Streithofen. Tiefbohrung 1 (1170—1173 m) der ÖMV.

(15) Texing, Tiefbohrung 1 (1708—1713 m) der ÖMV.

(16) Puchkirchen. Tiefbohrung 1 der RAG.

(17) Südlich des Gasthauses Kordon im Haltertal (BRIX 1961, S. 95, Aufschluß Nr. 38).

(18) „Eiserne Hand" NNO Schottenhof, SW Kreuzbühel, O der Kleinen Moschinger Wiese, linkes Ufer des Bachbettes (BRIX 1961, S. 96, Aufschluß Nr. 118).

(19) WSW Hochrotherd, südöstlich der Kote 484, nördlich vom Kaiser-Franz-Josef-Gedenkstein, nördliche Straßenböschung (BRIX 1961, S. 96, Aufschluß Nr. 1695).

(20) NO von St. Corona am Schöpfl, knapp nordöstlich der Kote 648, westliche Straßenböschung (BRIX 1961, S. 96, Aufschluß Nr. XXXIV).

(21) Holzhäusel.

(22) Holzmannberg.

(23) St. Pankraz.

(24) Kühlgraben.

(25) Eitelgraben.

(26) Helvetikum nördlich der Stadt Salzburg, Stat. 63/2/192/11 der RAG.

(27) Texing. Tiefbohrung 1 (590—595 m) der ÖMV.

(28) Kautendorf bei Staatz. Kluftfüllung.

(29) Graben 550 m südöstlich Thüringerhof, grauer Tonmergel (HEKEL 1968. S. 321).

(30) Graben in der Nähe der Kirche Kleinrötz. Tonmergel (HEKEL 1968, S. 321),

(31) 800 m südlich Mannhartsbrunn, Mergelschiefer (HEKEL 1968, S. 323).

(32) beim Wegweiser 1100 m NO Glockenberg, Kote 365. Mergelschiefer (HEKEL 1968, S. 326).

(33) Weg Schleinbach—Glockenberg, bei Höhenlinie 260, Nannoplanktonproben aus Flyschschiefer (HEKEL 1968, S. 327).

(34) Graben NO Mollmannsdorf. Bunter Tonmergel mit Lagen von quarzitischem Sandstein (Hekel 1968, S. 332).

Nachweise für die Punkte 29 bis 34: HEKEL 1968, S. 321 bis 332.

(35) Hagenbachklamm (STRADNER 1969a, S. 410).

Stratigr. Niveau (den einzelnen Altersstufen sind die Nummern der Fundpunkte beigefügt):

Sarmat — 33.

Helvet — 1, 2.

Torton — 3 bis 10.

Ober-Oligocän (Chatt) — 11 bis 14.

Mittel-Oligocän — 15, 16.

Eocän — 17 bis 20, ferner 29, 34 und 35.

Mittel-Eocän — 21 bis 23.

Unter-Eocän — 24.

Paläocän — 25, 27, 30, 31, 32.

Ober-Paläocän — 26.

Texing — 27.
Kautendorf (aus Alttertiär und Oberkreide umgelagert) — 28.
Literarische Belege für die Vorkommen:
BRIX 1961, S. 95, 96 — 17 bis 20.
KAMPTNER (in: BACHMAYER 1964), S. 186 — 28.
STRADNER 1963b, S. 80 — 26.
— 1963d, S. A 75 — 3 bis 10.
— 1964, S. 134, 137 — 11 bis 14, 27.
STRADNER & PAPP 1961, S. 99 — 25.
— 1961, S. 139 — 24.
— 1961, S. 141 — 21, 23.
— 1961, S. 145 — 15, 16.
— 1961, S. 145, 146 — 1, 2.

Aufbewahrung: Geol. Bundesanst. Wien, Abt. f. Erdöl-Geol.

Discoaster musicus STRADNER, 1959

1959 (*Discoaster musicus*) STRADNER 1959a, S. 1088, Abb. 28.
1961 (*Discoaster musicus*) STRADNER & PAPP 1961, S. 85, Abb. 8 (22), Fig. 4, 5, 7 bis 10
    auf Taf. 17, Fig. 2 auf Taf. 18.

Geogr. Vorkommen: Frättingsdorf (STRADNER 1959a, S. 1088).

Stratigr. Niveau: Unteres Torton (STRADNER 1959a, S. 1088).

Aufbewahrung: Geol. Bundesanst. Wien, Abt. f. Erdöl-Geol., Präp. S. 2/7.

Discoaster nonaradiatus KLUMPP, 1953

1953 (*Discoaster nonaradiatus*) KLUMPP 1953, S. 383, Abb. 3/5.
1961 (*Discoaster nonaradiatus*) STRADNER & PAPP 1961, S. 74, Abb. 8/10, Fig. 3a, b auf
    Taf. 11.

Geogr. Vorkommen:
    (1) Mattsee, Stat. 37 (Kartierung BRAUMÜLLER).
    (2) Holzhäusel.

Stratigr. Niveau: Mittel-Eocän.

Aufbewahrung: Geol. Bundesanst. Wien, Abt. f. Erdöl-Geol.

Discoaster ornatus STRADNER, 1958

1958 (*Discoaster ornatus*) STRADNER 1958, S. 187, Abb. 37, 38 (S. 188).
1959 (*Discoaster ornatus*) STRADNER 1959a, S. 1088, Abb. 30.
1959 (*Discoaster ornatus*) STRADNER 1959b, S. 478, Abb. 22 bis 26 (S. 483).
1961 (*Discoaster ornatus*) STRADNER & PAPP 1961, S. 64, Abb. 8/2, Fig. 1 bis 6 auf Taf. 2.

Geogr. Vorkommen:
    (1) Matzen (STRADNER 1959a, S. 1088).
    (2) Eitelgraben, Stat. 18a bis c (STRADNER & PAPP 1961, S. 65).
    (3) Kühlgraben am Untersberg (STRADNER 1959b, S. 478).

Stratigr. Niveau:
    Torton — Matzen.
    Paläocän — Eitelgraben, Kühlgraben.

Aufbewahrung: Geol. Bundesanst. Wien, Abt. f. Erdöl-Geol., Präp. S 2/8.

Discoaster perforatus STRADNER, 1959

1959 (*Discoaster perforatus*) STRADNER 1959a, S. 1087, Abb. 27.

Geogr. Vorkommen: Frättingsdorf.

Stratigr. Niveau: Torton.

Aufbewahrung: Geol. Bundesanst. Wien, Abt. f. Erdöl-Geol., Präp. S 2/6.

Discoaster plebeius MARTINI, 1958

1958 (*Discoaster plebeius*) MARTINI 1958, S. 361, Fig. 16a, b auf Taf. 3.
1961 (*Discoaster plebeius*) BRIX 1961, S. 95, 96.

Geogr. Vorkommen: Halterthal, knapp südlich des Gasthauses Kordon ein etwa 3 m tiefer Aushub (BRIX 1961, S. 95, Aufschluß Nr. 38); „Eiserne Hand" NNO Schottenhof, SW von Kreuzbühel, östlich der Kleinen Moschinger Wiese. Bachbett, orogr. linkes Ufer (BRIX 1961, S. 96, Aufschluß Nr. 118).

Stratigr. Niveau: Oberkreide (Gosauschichten der Kalkalpen).

Aufbewahrung: Geol. Bundesanst. Wien, Abt. f. Erdöl-Geol.

Discoaster quinarius (EHRENBERG, 1854) BERSIER, 1939

1854 (*Actiniscus Quinarius*) EHRENBERG 1854, Fig. 46 auf Taf. 19.
1939 (*Discoaster quinarius*) BERSIER 1939, S. 234, Abb. 1 bis 4.
1959 (*Discoaster quinarius*) STRADNER 1959a, S. 1083, Abb. 4.
1961 (*Discoaster quinarius*) STRADNER & PAPP 1961, S. 89, Abb. 9/4. Fig. 1 bis 4 und 8 auf Taf. 22.

Geogr. Vorkommen:
    (1) Eitelgraben.
    (2) Mattsee und Holzhäusel.

Stratigr. Niveau:
    Mittel-Eocän — Mattsee und Holzhäusel.
    Unter-Eocän — Eitelgraben.

Aufbewahrung: Geol. Bundesanst. Wien, Abt. f. Erdöl-Geol.

Discoaster saipanensis BRAMLETTE & RIEDEL, 1954

1954 (*Discoaster saipanensis*) BRAMLETTE & RIEDEL 1954, S. 398, Fig. 4 auf Taf. 39.
1959 (*Discoaster saipanensis*) STRADNER 1959a, S. 1083, Abb. 3.
1961 (*Discoaster saipanensis*) STRADNER & PAPP 1961, S. 90, Abb. 9/5 (S. 53), Fig. 6, 7 und 9 auf Taf. 22.

Geogr. Vorkommen:
    (1) Laa a. d. Thaya, Ziegelei BRANDHUBER.
    (2) Baden bei Wien, Ziegelei Soos. Badener Tegel.
    (3) Nußdorf, Wien XIX, Grünes Kreuz, Dennweg. Amphisteginen-Mergel.
    (4) Frättingsdorf. Badener Tegel.
    (5) Ernsdorf. Badener Tegel.
    (6) Ameis. Badener Tegel.
    (7) Altruppersdorf. Mergel aus einer Baugrube am westlichen Ortseingang (GRILL 4557/2/505).
    (8) Stützenhofen. Mergel vom Feldweg im S des Dorfes, ca. 30 m nördlich des Waldrandes (GRILL 4557/2/116).

(9) Mühldorf im Lavantthal. Tonmergel bei der Hleunigmühle.

(10) Puchkirchen.

(11) Ottenthal. Feldweg nach Klein Schweinbarth, am westschauenden Hang südwestlich der Kirche (GRILL 4557/3/1).

(12) Fuchsbergen. Westschauender Hang, 1 km südwestlich der Kirche von Ottenthal (GRILL 4557/3/26a).

(13) Haidberg. Hohlweg vom Punkt 387 NO gegen Falkenstein. Großer Hangrutsch knapp NO des angeführten Punktes (GRILL 4557/1/510).

(14) Graben O Haidberg, Weg knapp östlich vom Punkt 312 (GRILL 4557/1/354 und 355).

(15) Kautendorf. Baugruben und Brunnengrabungen an der Straße nach Laa a. d. Thaya (Grill 4557/1/503).

(16) Loosdorf. Aufgrabung 200 m nördlich vom Obelisken N Loosdorf (GRILL 4557/1/63).

(17) Ernstbrunn. Aufgrabung am Wegrand der Dreikreuzgasse, 120 m südlich der Steinkreuze (GRILL 4557/3/808b).

(18) Reingruberhöhe. Aufgelassener Steinbruch nördlich Bruderndorf (GRILL 4656/2/41).

(19) Seeham.

(20) St. Pankraz.

(21) Oichtenthal.

Stratigr. Niveau:

Helvet — Fundpunkt 1 (STRADNER & PAPP 1961, S. 145).
Torton — Punkte 2 bis 9 (STRADNER 1963d, S. A 75).
Mittl. Oligocän (Rupel) — Punkt 10 (STRADNER & PAPP 1961, S. 145).
Ober-Eocän — Punkte 11 bis 18 (STRADNER 1962b, S. A 107).
Mittel-Eocän — Punkte 19 bis 21 (STRADNER & PAPP 1961, S. 90, 141 und 142).

Aufbewahrung: Geol. Bundesanst. Wien, Abt. f. Erdöl-Geol.

Discoaster salisburgensis STRADNER, 1961

1961 (*Discoaster salisburgensis*) STRADNER 1961, S. 84, Abb. 77 und 78.
1961 (*Discoaster salisburgensis*) STRADNER & PAPP 1961, S. 96, Abb. 18/1 bis 5, 24/2, Fig. 3a, b und Fig. 5 auf Taf. 28.
1963 (*Discoaster salisburgensis*) STRADNER 1963b, S. 80, Fig. 8 und 9 auf Taf. 11.

Geogr. Vorkommen:

(1) Helvetikum nördlich der Stadt Salzburg, Stat. 63/2/200/1 der RAG. (STRADNER 1963b, S. 80).

(2) Kühlgraben (STRADNER & PAPP 1961, S. 97 und 139).

(3) Eitelgraben (Ibidem, S. 138).

(4) Graben in der Nähe der Kirche Kleinrötz, Tonmergel (HEKEL 1968, S. 321).

(5) OSO Mühlratsberg (Nord-Pfösing). Tonmergel (HEKEL 1968, S. 321).

(6) 800 m südlich Mannhartsbrunn. Mergelschiefer (HEKEL 1968, S. 323).

(7) beim Wegweiser 1100 m NO Glockenberg, Kote 365. Mergelschiefer (HEKEL 1968, S. 326).

(8) Graben N Donaubrunn, 250 m NW des Weges auf Gemeindegrenze (HEKEL 1968, S. 327).

Nachweise für die Punkte 4 bis 8: HEKEL 1968, S. 321 bis 327.

(9) Hagenbachklamm (STRADNER 1969a, S. 411).

Stratigr. Niveau:
Eocän — alle drei Fundpunkte im Helvetikum: (Zone F der Gliederung von K. GOHRBANDT), außerdem Punkt 9.
Paläocän — Fundpunkte 2 bis 8.

Aufbewahrung: Geol. Bundesanst. Wien, Abt. f. Erdöl-Geol., Präp. K 2/2/G.

Discoaster sublodoensis BRAMLETTE & SULLIVAN, 1961

1961 (*Discoaster sublodoensis*) BRAMLETTE & SULLIVAN 1961, S. 162, Fig. 6 auf Taf. 12.
1968 (*Discoaster sublodoensis*) HEKEL 1968, S. 331.

Geogr. Vorkommen: Tal vom N-Ende Oberkreuzstetten nach WNW. Flysch-Tonmergel (HEKEL 1968, S. 331).

Stratigr. Niveau: Eocän.

Aufbewahrung: Geol. Bundesanst. Wien, Abt. f. Erdöl-Geol.

Discoaster tani BRAMLETTE & RIEDEL, 1954

1954 (*Discoaster tani*) BRAMLETTE & RIEDEL 1954, S. 397, Fig. 1 auf Taf. 39.
1959 (*Discoaster tani*) STRADNER 1959a, S. 1085, Fig. 16 und 17 (S. 1086).

Geogr. Vorkommen:
(1) Ottenthal, Feldweg nach Kl. Schweinbarth, am westschauenden Hang südöstlich der Kirche (GRILL 4557/3/1).
(2) Fuchsbergen, westschauender Hang, 1 km südwestlich der Kirche von Ottenthal (GRILL 4557/3/26a).
(3) Haidberg, Hohlweg vom Punkt 387 NO gegen Falkenstein, großer Hangrutsch knapp NO des angeführten Punktes (GRILL 4557/1/510).
(4) Graben östlich Haidberg. Weg knapp östlich P. 312 (GRILL 4557/1/354 und 355).
(5) Kautendorf. Baugruben und Brunnengrabungen an der Straße nach Laa a. d. Thaya (GRILL 4557/1/503).
(6) Loosdorf. Aufgrabung 200 m nördlich vom Obelisk N Loosdorf (GRILL 4557/1/63).
(7) Ernstbrunn. Aufgrabung am Wegrand der Dreikreuzgasse, 120 m südlich der Steinkreuze (GRILL 4557/1/808b).
(8) Reingruberhöhe. Aufgelassener Steinbruch nördlich Bruderndorf (GRILL 4656/2/41).
(9) Nordöstlich Klausen-Leopoldsdorf, südwestlich Hinter-Brunneck, knapp östlich Kote 429. Aufgrabung an einem Waldweg knapp nördlich der Straße (BRIX 1961, S. 96, Aufschluß Nr. XXXVII). Blättriger Tonmergel. NÖ.
(10) St. Pankraz (STRADNER 1959a, S. 1085).

Stratigr. Niveau:
Ober-Eocän — Fundpunkte 1 bis 8.
Eocän — Punkt 9.
Mittel-Eocän — St. Pankraz.

Aufbewahrung: Geol. Bundesanst. Wien, Abt. f. Erdöl-Geol.

Discoaster trinus STRADNER, 1961

1961 (*Discoaster trinus*) STRADNER 1961, S. 85, Abb. 79.

Geogr. Vorkommen: Holzmannberg.

Stratigr. Niveau: Mittel-Eocän.

Aufbewahrung: Geol. Bundesanst. Wien, Abt. f. Erdöl-Geol., Präp. AD/7/F.

Discoaster woodringi BRAMLETTE & RIEDEL, 1954

1954 (*Discoaster woodringi*) BRAMLETTE & RIEDEL 1954, S. 400, Fig. 8a, b auf Taf. 39.
1958 (*Discoaster woodringi*) STRADNER 1958, S. 185, Abb. 24 bis 27 (S. 186).

Geogr. Vorkommen: Korneuburg, Tiefbohrung 1 (bei 242 m) der Fa. RITZ & Co.

Stratigr. Niveau: Helvet.

Aufbewahrung: Geol. Bundesanst. Wien, Abt. f. Erdöl-Geol.

Genus: *Discoasteroides* BRAMLETTE & SULLIVAN, 1961

Discoasteroides megastichus BRAMLETTE & SULLIVAN, 1961

1961 (*Discoasteroides megastichus*) BRAMLETTE & SULLIVAN 1961, S. 163, Fig. 14 und 15
auf Taf. 13.
1968 (*Discoasteroides megastichus*) HEKEL 1968, S. 321 bis 332.

Geogr. Vorkommen:
(1) Graben in der Nähe der Kirche Kleinrötz. Tonmergel.
(2) Beim Wegweiser 1100 m NO Glockenberg, Kote 365. Mergelschiefer.
(3) Graben NO Mollmannsdorf. Bunter Tonmergel mit Lagen von quarzitischem
Sandstein.

Stratigr. Niveau: Unter-Eocän, Paläocän.

Aufbewahrung: Geol. Bundesanst. Wien, Abt. f. Erdöl-Geol.

Genus: *Discolithina* LOEBLICH & TAPPAN, 1963

Discolithina macropora (DEFLANDRE 1954) STRADNER, 1970

1954 (*Discolithus macroporus*) DEFLANDRE (& FERT) 1954, S. 138, Fig. 5 auf Taf. 11.
1969 (*Discolithina macropora*) STRADNER 1969b, S. 665.

Geogr. Vorkommen: Waschbergzone.

Stratigr. Niveau: Eocän.

Aufbewahrung: Geol. Bundesanst. Wien, Abt. f. Erdöl-Geol.

Discolithina plana (BRAMLETTE & SULLIVAN, 1961) LEVIN, 1965

1961 (*Discolithus planus*) BRAMLETTE & SULLIVAN 1961, S. 143, Fig. 7 auf Taf. 3.
1968 (*Discolithus planus*) HEKEL 1968, S. 325.
1969 (*Discolithina plana*) STRADNER 1969a, S. 419.

Geogr. Vorkommen:
(1) Hagenbachklamm (STRADNER 1969a).
(2) Straßenkreuzung östlich Stetten, Kote 218, Tonmergel (HEKEL 1968).

Stratigr. Niveau:
Eocän — Fundpunkt 1.
Paläocän — Fundpunkt 2.

Aufbewahrung: Geol. Bundesanst. Wien, Abt. f. Erdöl-Geol.

Discolithina pulcheroides (SULLIVAN 1964) LEVIN & JOERGER, 1967

1964 (*Discolithus pulcheroides*) SULLIVAN 1964, S. 183, Fig. 7 auf Taf. 4.
1967 (*Discolithina pulcheroides*) LEVIN & JOERGER 1967, S. 167, Fig. 8 auf Taf. 2.
1969 (*Discolithina pulcheroides*) STRADNER 1969a, S. 419.

Geogr. Vorkommen:
    (1) Hagenbachklamm (STRADNER 1969a).
    (2) Waschbergzone (STRADNER 1969b, S. 665).

Stratigr. Niveau: Eocän.

Aufbewahrung: Geol. Bundesanst. Wien, Abt. f. Erdöl-Geol.

Discolithina pulchra (DEFLANDRE 1954) LEVIN, 1965

1954 (*Discolithus pulcher*) DEFLANDRE (& FERT) 1954, S. 142, Fig. 17 und 18 auf Taf. 12.
1965 (*Discolithina pulchra*) LEVIN 1965, S. 266, Fig. 6 auf Taf. 41.
1969 (*Discolithina pulchra*) STRADNER 1969a, S. 419.

Geogr. Vorkommen: Hagenbachklamm.

Stratigr. Niveau: Eocän.

Aufbewahrung: Geol. Bundesanst. Wien, Abt. f. Erdöl-Geol.

Genus: *Discolithus* KAMPTNER, 1948

Discolithus bochotnicae GÓRKA, 1957

1957 (*Discolithus bochotnicae*) GÓRKA 1957, S. 250 und 273, Fig. 15 auf Taf. 2.
1962 (*Discolithus bochotnicae*) STRADNER 1962, S. A 106.

Geogr. Vorkommen:
    (1) Klement, Steilhang am Südende des Dorfes (GRILL 4557/3/976).
    (2) Klafterbrunn, Graben nordwestlich des Ortes, 1 km westlich Bildstock 407 (GRILL 4557/3/947).
    (3) Korneuburg, Tiefbohrung 2 (798,5—804,8 m), Fa. RITZ & Co.

Stratigr. Niveau: Turon.

Aufbewahrung: Geol. Bundesanst. Wien, Abt. f. Erdöl-Geol.

Discolithus circumcisus KAMPTNER, 1948

1948 (*Discolithus circumcisus*) KAMPTNER 1948, S. 6, Fig. 6 auf Taf. 1.

Geogr. Vorkommen: Nußberg bei Wien, Steinbruch in der Nähe des Gasthauses „Eichelhof".

Stratigr. Niveau: Torton (Amphisteginen-Mergel).

Discolithus embergeri NOËL, 1958

1958 (*Discolithus embergeri*) NOËL 1958, S. 164, Abb. 5 bis 8.
1961 (*Discolithus embergeri*) STRADNER 1961, S. 80, Abb. 20 bis 24.

Geogr. Vorkommen:
    (1) Dornbacher Park nordwestlich Neuwaldegg. Steilhang am südlichen Bachufer. NO Kreuzbühel. Plattiger Ton und Tonmergel (BRIX 1971, S. 90, Aufschluß Nr. 20).
    (2) Knapp SW des Tulbinger Kogels, NO des Hotels. Steinbruch am Nordwesthang. Blättriger Tonschiefer und Tonmergel (BRIX 1961, S. 90, Aufschluß Nr. 78).

(3) SO Königstetten, knapp westlich der Dopplerhütte, nordwestlich Eichberg. Steinbruch am NW-Hang zum Marleitengraben. Mergel und Tonmergel (BRIX 1961, S. 91, Aufschluß Nr. 102).

(4) SO Königstetten, N der Dopplerhütte, aufgelassener Steinbruch am Nordhang des Eichberges, SO Eisenbad. Sandiger Mergel (BRIX 1961, S. 92, Aufschluß Nr. 103).

(5) SW von Wolfpassing ONO Königstetten. Osthang des Hollergrabens, NW Kote 246. Abgrabung östlich des Fahrweges. Feinblättriger toniger Mergel bis Tonschiefer (BRIX 1961, S. 92, Aufschluß Nr. 132).

(6) Hangendenstein-Paß an der bayerisch-österreichischen Grenze zwischen St. Leonhard und Schellenberg (STRADNER 1961, S. 80).

Stratigr. Niveau: Unterkreide.

Aufbewahrung: Geol. Bundesanst. Wien, Abt. f. Erdöl-Geol.

Discolithus fimbriatus BRAMLETTE & SULLIVAN, 1961

1961 (*Discolithus fimbriatus*) BRAMLETTE & SULLIVAN 1961, S. 142, Fig. 1a bis d auf Taf. 3.
1962 (*Discolithus fimbriatus*) STRADNER 1962b, S. A 107.

Geogr. Vorkommen: Verschiedene Fundpunkte im nördlichen NÖ.

Stratigr. Niveau: Ober-Eocän.

Aufbewahrung: Geol. Bundesanst. Wien, Abt. f. Erdöl-Geol.

Discolithus latus KAMPTNER, 1948

1948 (*Discolithus latus*) KAMPTNER 1948, S. 5, Fig. 7 auf Taf. 1.

Geogr. Vorkommen: Nußberg bei Wien. Steinbruch in der Nähe des Gasthauses „Eichelhof".

Stratigr. Niveau: Torton (Amphisteginen-Mergel).

Discolithus lucidus STRADNER, 1963

1963 (*Discolithus lucidus*) STRADNER 1963a, S. 177, Fig. 10 auf Taf. 4.

Geogr. Vorkommen: Waidach.

Stratigr. Niveau: Ober Maestricht.

Aufbewahrung: Geol. Bundesanst. Wien, Abt. f. Erdöl-Geol., Präp. WA/02/F.

Discolithus macroporus DEFLANDRE, 1954

1954 (*Discolithus macroporus*) DEFLANDRE (& FERT) 1954, S. 138, Fig. 5 auf Taf. 11.
1962 (*Discolithus macroporus*) STRADNER 1962a, S. 365, Fig. 1 bis 13 auf Taf. 1.

Geogr. Vorkommen:
(1) Baden — Nußdorf, Wien XIX, Grünes Kreuz, Dennweg — Frättingsdorf — Ameis — Ernsdorf — Altruppersdorf, Baugrube am westlichen Ortseingang (GRILL 4557/2/505) — Stützenhofen, Feldweg südlich des Dorfes, ca. 30 m nördlich des Waldrandes (GRILL 4557/2/116) — Mühldorf im Lavantthal.
(2) Reingruberhöhe bei Bruderndorf (STRADNER 1962 a, S. 365).

Stratigr. Niveau:
Torton — Fundpunkte der Reihe 1 (STRADNER 1963d, S. A 75).
Ober-Eocän — Reingruberhöhe.

Aufbewahrung: Geol. Bundesanst. Wien, Abt. f. Erdöl-Geol.

Discolithus multiporus KAMPTNER, 1948

1948 (*Discolithus multiporus*) KAMPTNER 1948, S. 5, Fig. 9 auf Taf. 1.
1963 (*Discolithus multiporus*) STRADNER 1963c, S. 160.
1964 (*Discolithus multiporus*) STRADNER 1964, S. 134.

Geogr. Vorkommen:
   (1) Baden bei Wien — Nußdorf, Wien XIX — Frättingsdorf — Ameis — Ernsdorf — Altruppersdorf (GRILL 4557/2/505) — Stützenhofen (GRILL 4557/2/116) — Mühldorf im Lavantthal (STRADNER 1963 d, S. A 75).
   (2) Tiefbohrungen der ÖMV (siehe: STRADNER 1964, S. 134):
      a) Großgraben K 1 (770—774 m).
      b) Moosbierbaum K 2 (1020—1023,5 m).
      c) Moosbierbaum K 5 (1070—1072,5 m und 1130—1135 m).
      d) Perschenegg 1 (1699—1714 m).
      e) Streithofen 1 (1170—1173 m).
      f) Texing 1 (1708—1713 m).

Stratigr. Niveau:
   Torton — Fundpunkte 1.
   Chatt (Ober-Oligocän) — die unter 2 angeführten Tiefbohrungen.

Aufbewahrung: Geol. Bundesanst. Wien, Abt. f. Erdöl-Geol.

Discolithus ocellatus BRAMLETTE & SULLIVAN, 1961

1961 (*Discolithus ocellatus*) BRAMLETTE & SULLIVAN 1961, S. 142, Fig. 2 auf Taf. 3.
1963 (*Discolithus ocellatus*) STRADNER 1963b, S. 76, Fig. 8 bis 10 auf Taf. 9.

Geogr. Vorkommen: Südliches Helvetikum nördlich der Stadt Salzburg, Station 63/2/165 der RAG (Zone A der Gliederung von K. GOHRBANDT 1963).

Stratigr. Niveau: Unteres und mittleres Eocän.

Aufbewahrung: Geol. Bundesanst. Wien, Abt. f. Erdöl-Geol.

Discolithus patera KAMPTNER, 1948

1948 (*Discolithus patera*) KAMPTNER 1948, S. 5, Fig. 4 auf Taf. 1.

Geogr. Vorkommen: Baden bei Wien.

Stratigr. Niveau: Torton (Badener Tegel).

Discolithus pulcher DEFLANDRE, 1954

1954 (*Discolithus pulcher*) DEFLANDRE (& FERT) 1954, S. 142, Fig. 17 und 18 auf Taf. 12.
1962 (*Discolithus pulcher*) STRADNER 1962b, S. A 107.

Geogr. Vorkommen:
   (1) Ottenthal. Feldweg nach Kleinschweinbarth, am westschauenden Hang südöstlich der Kirche. Tonmergel und hellgelbe Diatomite (JÜTTNER 1938, Profil 1; GRILL 4557/3/1).
   (2) Fuchsbergen. Westschauender Hang, 1 km SW der Kirche von Ottenthal. Tonmergel (GRILL 4557/3/26a).
   (3) Haidberg. Hohlweg vom Punkt 387 NO gegen Falkenstein, großer Hang-rutsch knapp NO des angeführten Punktes (GRILL 4557/1/510).
   (4) Haidberg. Graben O Haidberg, Weg knapp östlich P. 312 (GRILL 4557/1/354 und 355). Tonmergel.
   (5) Kautendorf. Baugruben und Brunnengrabungen an der Straße nach Laa a. d. Thaya (GRILL 4557/1/503). Tonmergel.

(6) Loosdorf. Aufgrabung 200 m nördlich vom Obelisk N Loosdorf (GRILL 4557/1/63). Tonmergel.

(7) Ernstbrunn. Aufgrabung am Wegrand der Dreikreuzgasse, 120 m südlich der Steinkreuze (GRILL 4557/3/808 b). Tonmergel.

(8) Reingruberhöhe. Aufgelassener Steinbruch nördlich Bruderndorf (GRILL 4656/2/41). Glaukonitsand.

(9) Baden, Ziegelei Soos, Blauer Badener Tegel.

(10) Nußdorf, Wien XIX, Grünes Kreuz, Dennweg. Gelber Amphisteginen-Mergel.

(11) Frättingsdorf. Badener Tegel (STRADNER 1963c, S. 160, Fig. 10 auf Taf. 23).

(12) Ameis. Badener Tegel.

(13) Ernsdorf. Badener Tegel.

(14) Altruppersdorf. Mergel aus einer Baugrube am westlichen Ortseingang (GRILL 4557/2/505).

(15) Stützenhofen. Mergel vom Feldweg südlich des Dorfes, ca. 30 m nördlich des Waldrandes (GRILL 4557/2/116).

(16) Mühldorf im Lavantthal. Tonmergel bei der Hleunigmühle.

Belege für die Fundpunkte 1 bis 8 finden sich bei STRADNER 1962, S. A 107, für die Punkte 9 bis 16 bei STRADNER 1963d, S. A 75.

Stratigr. Niveau:
Torton — Fundpunkte 9 bis 16.
Ober-Eocän — Fundpunkte 1 bis 8.

Aufbewahrung: Geol. Bundesanst. Wien, Abt. f. Erdöl-Geol.

Discolithus pulvinus KAMPTNER, 1948

1948 (*Discolithus pulvinus*) KAMPTNER 1948, S. 4, Fig. 2 auf Taf. 1.

Geogr. Vorkommen: Baden bei Wien.

Stratigr. Niveau: Torton (Badener Tegel).

Discolithus rimosus BRAMLETTE & SULLIVAN, 1961

1961 (*Discolithus rimosus*) BRAMLETTE & SULLIVAN 1961, S. 143, Fig. 12 und 13 auf Taf. 3.
1963 (*Discolithus rimosus*) STRADNER 1963b, S. 76, Fig. 11 u. 12 auf Taf. 9.

Geogr. Vorkommen: Helvetikum nördlich der Stadt Salzburg, Station 63/2/184/1 der RAG.

Stratigr. Niveau: Unter-Eocän, Zone F der Gliederung von GOHRBANDT 1963.

Aufbewahrung: Geol. Bundesanst. Wien, Abt. f. Erdöl-Geol.

Discolithus rugosus NOËL, 1958

1958 (*Discolithus rugosus*) NOËL 1958, S. 163, Abb. 4.
1961 (*Discolithus rugosus*) STRADNER 1961, S. 81, Abb. 29 bis 32 (auf S. 80).

Geogr. Vorkommen:
(1) Knapp südwestlich des Tulbinger Kogels, NO des Hotels. Steinbruch am Nordwesthang. Blättriger Tonschiefer und Tonmergel (BRIX 1961, S. 91, Aufschluß Nr. 78).
(2) SO von Königstetten, W der Dopplerhütte, NW des Eichberges. Steinbruch am NW-Hang zum Marleiten-Graben. Tonmergel (BRIX 1961, S. 91, Aufschluß Nr. 102).
(3) SW von Wolfpassing, ONO Königstetten, Osthang des Hollergrabens, nordwestlich Kote 246. Abgrabung östlich des Fahrweges. Feinblättriger Tonschiefer (BRIX 1961, S. 92, Aufschluß Nr. 132).

(4) Südwestlich Dahaberg, ca. 150 m südöstlich der Rieglerhütte. Ausbisse an beiden Ufern des Halterbaches. Tonmergel und Tonschiefer, blättrig (BRIX 1961, S. 92, Aufschluß Nr. 140).

Stratigr. Niveau: Unterkreide.

Aufbewahrung: Geol. Bundesanst. Wien, Abt. f. Erdöl-Geol.

Discolithus solidus DEFLANDRE, 1954

1954 (*Discolithus solidus*) DEFLANDRE (& FERT) 1954, S. 141.
1962 (*Discolithus solidus*) STRADNER 1962b, S. A 107.

Geogr. Vorkommen:
- a) Ottenthal, Feldweg nach Kleinschweinbarth am westschauenden Hang südöstlich der Kirche. Tonmergel und hellgelbe Diatomite (JÜTTNER 1938, Profil 1; GRILL 4457/3/1).
- b) Fuchsbergen. Westschauender Hang, 1 km SW der Kirche von Ottenthal. Tonmergel (GRILL 4457/3/26a).
- c) Haidberg. Graben O Haidberg, Weg knapp östlich P. 312 (GRILL 4557/1/354 und 355). Tonmergel.
- d) Haidberg. Hohlweg vom Punkt 387 NO gegen Falkenstein, großer Hangrutsch knapp NO des angeführten Punktes (GRILL 4557/1/510). Tonmergel.
- e) Kautendorf. Baugruben und Brunnengrabungen an der Straße nach Laa a. d. Thaya (GRILL 4557/1/503). Tonmergel.
- f) Loosdorf. Aufgrabung 200 m nördlich vom Obelisk N Loosdorf (GRILL 4557/1/63). Tonmergel.
- g) Ernstbrunn. Aufgrabung am Wegrand der Dreikreuzgasse 120 m südlich der Steinkreuze (GRILL 4557/3/808b). Gelbbrauner Tonmergel.
- h) Reingruberhöhe. Aufgelassener Steinbruch nördlich Bruderndorf (GRILL 4656/2/41). Glaukonitsand.

Stratigr. Niveau: Obereocän.

Aufbewahrung: Geol. Bundesanst. Wien, Abt. f. Erdöl-Geol.

Discolithus sparsiforatus KAMPTNER, 1948

1948 (*Discolithus sparsiforatus*) KAMPTNER 1948, S. 5, Fig. 13 auf Taf. 2.

Geogr. Vorkommen: Baden bei Wien.

Stratigr. Niveau: Torton (Badener Tegel).

Discolithus staurophorus KAMPTNER, 1948

1948 (*Discolithus staurophorus*) KAMPTNER 1948, S. 6, Fig. 10 auf Taf. 1.

Geogr. Vorkommen: Nußberg bei Wien. Steinbruch in der Nähe des Gasthauses „Eichelhof".

Stratigr. Niveau: Torton (Amphisteginen-Mergel).

Discolithus vigintiforatus KAMPTNER, 1948

1948 (*Discolithus vigintiforatus*) KAMPTNER 1948, S. 5, Fig. 8 auf Taf. 1.

Geogr. Vorkommen: Nußberg bei Wien, Steinbruch in der Nähe des Gasthauses „Eichelhof".

Stratigr. Niveau: Torton (Amphisteginen-Mergel).

Genus: *Fasciculithus* BRAMLETTE & SULLIVAN, 1961

Fasciculithus involutus BRAMLETTE & SULLIVAN, 1961

1961 (*Fasciculithus involutus*) BRAMLETTE & SULLIVAN 1961, S. 164, Fig. 1 bis 5 auf Taf. 14.
1963 (*Fasciculithus involutus*) STRADNER 1963b, S. 79, Fig. 14, 15 auf Taf. 10.
1964 (*Fasciculithus involutus*) STRADNER 1964, S. 136, Abb. 32.

Geogr. Vorkommen:
    (1) Helvetikum nördlich der Stadt Salzburg, Stat. 63/2/32/22 der RAG.
    (2) Eitelgraben (STRADNER & PAPP 1961, S. 137).
    (3) Texing (590—595 m und 682—687 m) (STRADNER 1964, S. 137).
    (4) NW-Hang des Stetterberges. Tonmergel, dazwischen Quarzit und dünne Sandsteinlagen.
    (5) Tiefer Brunnenneubau. Kalkmergel, daneben bunter Schiefer und Kalksandstein.
Nachweise für die Punkte 4 und 5: HEKEL 1968, S. 324 bzw. 327.

Stratigr. Niveau:
    Oberkreide — Fundpunkte 4 und 5.
    Paläocän (bei Punkt 1: Zone D der Gliederung von GOHRBANDT 1963).
    Eocän (bei demselben Punkt: Zone F).
Aufbewahrung: Geol. Bundesanst. Wien, Abt. f. Erdöl-Geol.

Genus: *Favolithora* STRADNER, 1961

Favolithora cyclopia STRADNER, 1961

1961 (*Favolithora cyclopia*) STRADNER 1961, S. 87, Abb. 72, 73 auf S. 81.
Geogr. Vorkommen: Eitelgraben.
Stratigr. Niveau: Paläocän.
Aufbewahrung: Geol. Bundesanst. Wien, Abt. f. Erdöl-Geol., Präp. E/2/A.

Genus: *Guttilithion* STRADNER, 1962

Guttilithion cassum STRADNER, 1962

1962 (*Guttilithion cassum*) STRADNER 1962a, S. 375, Fig. 1 bis 5 auf Taf. 3.
Geogr. Vorkommen:
    (1) Steinbruch Reingruberhöhe bei Bruderndorf (STRADNER 1962a).
    (2) Waschberg-Zone (STRADNER 1969b, S. 665).
Stratigr. Niveau: Obereocän (jüngeres Led).
Aufbewahrung: Geol. Bundesanst. Wien, Abt. f. Erdöl-Geol., Präp. RH 13/c.

Genus: *Helicosphaera* KAMPTNER, 1954

Helicosphaera carteri (WALLICH, 1877) KAMPTNER, 1954

1877 (*Coccosphaera carteri*) WALLICH 1877, S. 348, Fig. 3 und 4 auf Taf. 17.
1899 (*Coccosphaera pelagica*, var. *carteri*) OSTENFELD 1899, S. 436.
1902 (*Coccolithophora pelagica*) LOHMANN 1902 (partim), S. 138, Fig. 59.

1930 (*Coccolithus pelagicus*) SCHILLER 1930 (partim), S. 246, Abb. 124/a.
1948 (*Coccolithus carteri*) KAMPTNER 1948, S. 9.
1954 (*Helicosphaera carteri*) KAMPTNER 1954, S. 21, Abb. 17 bis 19 (S. 22).
1963 (*Helicosphaera carteri*) STRADNER 1963c.

Geogr. Vorkommen:
  (1) Baden, Ziegelei Soos. Badener Tegel.
  (2) Nußdorf, Wien XIX, Grünes Kreuz, Dennweg. Amphisteginen-Mergel.
  (3) Frättingsdorf, Badener Tegel.
  (4) Ameis, Badener Tegel.
  (5) Ernsdorf, Badener Tegel.
  (6) Altruppersdorf, Mergel in einer Baugrube am westlichen Ortseingang (GRILL
      4557/2/505).
  (7) Stützenhofen. Mergel vom Feldweg südlich des Dorfes, ca. 30 m nördlich des
      Waldrandes (GRILL 4557/2/116).
  (8) Mühldorf im Lavantthal. Mergel bei der Hleunigmühle.
  (9) Himberg, Tiefbohrung 1 (1908−2205,5 m) der ÖMV.
  Literarischer Beleg für die Fundpunkte 1 bis 8: STRADNER 1963d, S. A 75; für den
  Punkt 9: STRADNER 1964, S. 134.

Stratigr. Niveau: Torton.

Aufbewahrung: Geol. Bundesanst. Wien, Abt. f. Erdöl-Geol.

Genus: *Heliolithus* BRAMLETTE & SULLIVAN, 1961

Heliolithus riedeli BRAMLETTE & SULLIVAN, 1961

1961 (*Heliolithus riedeli*) BRAMLETTE & SULLIVAN 1961, S. 164, Fig. 9 bis 11 auf Taf. 14.
1963 (*Heliolithus riedeli*) STRADNER 1963b, S. 78, Fig. 11 bis 13 auf Taf. 10.
1964 (*Heliolithus riedeli*) STRADNER 1964, S. 136.

Geogr. Vorkommen:
  Helvetikum nördlich der Stadt Salzburg. Stat. 63/2/263/1 der RAG.
  NW-Hang des Stetterberges. Tonmergel, dazwischen Quarzite und dünne Sand-
  steinlagen (HEKEL 1968, S. 324).

Stratigr. Niveau:
  (1) Tiefere Zone E der Gliederung von GOHRBANDT 1963 (Unter-Eocän) (STRADNER
      1963b, S. 79) — Helvetikum.
  (2) Mittleres Paläocän (Thanet) (STRADNER 1964, S. 136) — sonstige Fundpunkte.
  (3) Oberkreide — NW-Hang des Stetterberges (HEKEL 1968, S. 324).

Aufbewahrung: Geol. Bundesanst. Wien, Abt. f. Erdöl-Geol.

Genus: *Heliorthus* BRÖNNIMANN & STRADNER, 1960

Heliorthus concinnus (MARTINI 1961) HAY & MOHLER, 1967

1961 (*Zygolithus concinnus*) MARTINI 1961, S. 18, Fig. 35 auf Taf. 3, Fig. 54 auf Taf. 5.
1967 (*Heliorthus concinnus*) HAY & MOHLER 1967, S. 1533, Fig. 16 bis 18 auf Taf. 199,
      Fig. 6, 7 und 10 auf Taf. 201.
1969 (*Heliorthus concinnus*) STRADNER 1969a, S. 417.

Geogr. Vorkommen: Hagenbachklamm.

Stratigr. Niveau: Eocän.

Aufbewahrung: Geol. Bundesanst. Wien, Abt. f. Erdöl-Geol.

Heliorthus fallax BRÖNNIMANN & STRADNER, 1960

1960 (*Heliorthus fallax*) BRÖNNIMANN & STRADNER 1960, S. 368, Abb. 8 bis 10 (S. 376).
1969 (*Heliorthus fallax*) STRADNER 1969a, S. 417.
Geogr. Vorkommen: Hagenbachklamm.
Stratigr. Niveau: Eocän.
Aufbewahrung: Geol. Bundesanst. Wien, Abt. f. Erdöl-Geol.

Heliorthus junctus (BRAMLETTE & SULLIVAN 1961) HAY & MOHLER, 1967

1961 (*Zygolithus junctus*) BRAMLETTE & SULLIVAN 1961, S. 150, Fig. 11 auf Taf. 6.
1967 (*Heliorthus junctus*) HAY & MOHLER 1967, S. 1533.
1969 (*Heliorthus junctus*) STRADNER 1969a, S. 417.
Geogr. Vorkommen: Hagenbachklamm.
Stratigr. Niveau: Eocän.
Aufbewahrung: Geol. Bundesanst. Wien, Abt. f. Erdöl-Geol.

Genus: *Ilselithina* STRADNER, 1966

Ilselithina iris STRADNER, 1966

1966 (*Ilselithina iris*) STRADNER (& ADAMIKER) 1966, 339 S., Abb. 3a bis d, Fig. 5 auf
   Taf. 3.
Geogr. Vorkommen: Waschberg-Zone.
Stratigr. Niveau: Ober-Eocän.
Aufbewahrung: Geol. Bundesanst. Wien, Abt. f. Erdöl-Geol.

Genus: *Istmolithus* DEFLANDRE, 1954

Isthmolithus recurvus DEFLANDRE, 1954

1954 (*Isthmolithus recurvus*) DEFLANDRE (& FERT) 1954 ,S. 169, Abb. 119 bis 122, Fig. 9
   bis 13 auf Taf. 12.
1962 (*Isthmolithus recurvus*) STRADNER 1962b, S. A 107.
Geogr. Vorkommen:
   a) Ottenthal. Feldweg nach Kleinschweinbarth, am westschauenden Hang süd-
      östlich der Kirche. Tonmergel und hellgelber Diatomit (JÜTTNER 1938, Profil 1;
      GRILL 4457/3/1).
   b) Fuchsbergen. Westschauender Hang, 1 km SW der Kirche von Ottenthal.
      Tonmergel (GRILL 4457/1/26a).
   c) Haidberg. Graben O Haidberg, Weg knapp östlich P. 312. Tonmergel (GRILL
      4557/1/354 und 354).
   d) Haidberg. Hohlweg vom Punkt 387 NO gegen Falkenstein. Großer Hangrutsch
      knapp NO des angeführten Punktes. Tonmergel (GRILL 4557/1/510).
   e) Kautendorf. Baugruben und Brunnengrabungen an der Straße nach Laa a. d-
      Thaya. Tonmergel (GRILL 4557/1/503).
   f) Loosdorf. Aufgrabung 200 m nördlich vom Obelisk N Loosdorf. Tonmergel
      (GRILL 4557/1/63).

g) Ernstbrunn. Aufgrabung am Wegrand der Dreikreuzgasse, 120 m südlich der Steinkreuze. Tonmergel (GRILL 4557/3/808b).

h) Reingruberhöhe. Aufgelassener Steinbruch nördlich Bruderndorf. Glaukonitsand (GRILL 4656/2/41).

i) Texing. Tiefbohrung der ÖMV (635,6—639 m, 734,5—738 m, 1016—1028 m).

k) Waschberg-Zone (STRADNER 1969b, S. 666).

Stratigr. Niveau: Ober-Eocän.

Aufbewahrung: Geol. Bundesanst. Wien, Abt. f. Erdöl-Geol.

Genus: *Kamptnerius* DEFLANDRE, 1959

Kamptnerius magnificus DEFLANDRE, 1959

1959 (*Kamptnerius magnificus*) DEFLANDRE 1959, S. 135, Fig. 1 bis 4 auf Taf. 1.
1964 (*Kamptnerius magnificus*) STRADNER 1964, S. 138, Abb. 51.

Geogr. Vorkommen:
    (1) Klement. Tiefbohrung Ameis 1 (2188,5—2229,5 m).
    (2) Östl. Wollmannsberg.

Stratigr. Niveau: Turon (Klementer Schichten).

Aufbewahrung: Geol. Bundesanst. Wien, Abt. f. Erdöl-Geol.

Kamptnerius punctatus STRADNER, 1963

1963 (*Kamptnerius punctatus*) STRADNER 1963a, S. 177, Fig. 3 auf Taf. 2.

Geogr. Vorkommen: Klafterbrunn (GRILL 4557/3/947).

Stratigr. Niveau: Ober-Turon (Emscher).

Aufbewahrung: Geol. Bundesanst. Wien, Abt. f. Erdöl-Geol., Präp. KLB 3/1.

Genus: *Lanternitus* STRADNER, 1962

Lanternitus minutus STRADNER, 1962

1962 (*Lanternitus minutus*) STRADNER 1962a, S. 375, Fig. 12 bis 15 auf Taf. 2.

Geogr. Vorkommen:
    (1) Steinbruch Reingruberhöhe bei Bruderndorf, basale Glaukonitsande (STRADNER 1962a).
    (2) Waschberg-Zone (STRADNER 1969b, S. 666).

Stratigr. Niveau: Ober-Eocän (jüngeres Led).

Aufbewahrung: Geol. Bundesanst. Wien, Abt. f. Erdöl-Geol., RH 15/A.

Genus: *Lithastrinus* STRADNER, 1962

Lithastrinus floralis STRADNER, 1962

1962 (*Lithastrinus floralis*) STRADNER 1962a, S. 370, Fig. 6 bis 11 auf Taf. 2.
1964 (*Lithastrinus floralis*) STRADNER 1964, S. 138.

Geogr. Vorkommen:
- (1) Haidberg, Hohlweg von P. 387 nordöstlich Falkenstein. Großer Hangrutsch knapp NO des angeführten Punktes (R. GRILL 4557/1/510, STRADNER 1962a, S. 370).
- (2) Klement (STRADNER 1964, S. 138).

Stratigr. Niveau:
Turon — Klement.
Senon — Haidberg.

Aufbewahrung: Geol. Bundesanst. Wien, Abt. f. Erdöl-Geol., Präp. JF/1/A.

Lithastrinus grilli STRADNER, 1962

1962 (*Lithastrinus grilli*) STRADNER 1962a, S. 369, Fig. 1 bis 5 auf Taf. 2.
1964 (*Lithastrinus grilli*) STRADNER 1964, S. 138.

Geogr. Vorkommen:
- (1) Graben nordwestlich Klafterbrunn, 1 km westlich Bildstock 407 (GRILL 1953, S. 77).
- (2) Klement.
- (3) Korneuburg, Tiefbohrung 2, Fa. RITZ & Co.
- (4) Ameis, Tiefbohrung 1 (2188,5—2229,5 m), ÖMV.

Stratigr. Niveau: Turon (Klementer Schichten).

Aufbewahrung: Geol. Bundesanst. Wien, Abt. f. Erdöl-Geol., Präp. KLB 3/C.

Genus: *Lithostromation* DEFLANDRE, 1942

Lithostromation perdurum DEFLANDRE, 1942

1942 (*Lithostromation perdurum*) DEFLANDRE 1942, S. 917, Abb. 1 bis 9.
1959 (*Lithostromation perdurum*) STRADNER 1959b, S. 487, Abb. 70 bis 72.
1961 (*Lithostromation perdurum*) STRADNER & PAPP 1961, S. 128, Abb. 14/4, Fig. 1 bis 5 auf Taf. 41.

Geogr. Vorkommen:
- (1) Matzen (STRADNER & PAPP 1961, S. 129).
- (2) Frättingsdorf (STRADNER 1963c, S. 160, Fig. 12 auf Taf. 24).
- (3) Holzmannberg (STRADNER 1959b).

Stratigr. Niveau:
Sarmat — Matzen (vereinzelt aus dem Alttertiär umgelagert).
Torton — Frättingsdorf (allochthon aus dem Alttertiär).
Mittel-Eocän — Holzmannberg.

Aufbewahrung: Geol. Bundesanst. Wien, Abt. f. Erdöl-Geol.

Genus: *Lucianorhabdus* DEFLANDRE, 1959

Lucianorhabdus cayeuxi DEFLANDRE, 1959

1959 (*Lucianorhabdus cayeuxi*) DEFLANDRE 1959, S. 142, Fig. 11 bis 25 auf Taf. 4.
1961 (*Lucianorhabdus cayeuxi*) STRADNER 1961, S. 82, Abb. 45 bis 48, 50.
1961 (*Lucianorhabdus cayeuxi*) STRADNER & PAPP 1961, S. 127, Abb. 13/6, Fig. 3 auf Taf. 40.

Geogr. Vorkommen:

(1) Südhang des Leopoldsberges, Seehöhe 330 m, NW Kahlenbergerdorf, Bombentrichter. Sandiger Mergel (BRIX 1961, S. 92, Aufschluß Nr. 24).

(2) ONO Exelberg (Kote 515). Steinbruch an der Südseite der Straße Neuwaldegg—Scheiblingstein. Sandiger, plattiger Mergel (BRIX 1961, S. 92, Aufschluß Nr. 35).

(3) Rotgraben bei Weidling, südöstlich Haschberg, ca. 350 m östlich der Kote 235, nördlich der Straße. Hangabgrabung hinter einem Wohnhaus. Plattiger Mergel (BRIX 1961, S. 93, Aufschluß Nr. 74).

(4) Domgraben bei Weidlingbach, nordwestlich Hameau, WSW Simonsberg, nördliche Wegböschung. Splittriger Kalkmergel (BRIX 1961, S. 93, Aufschluß Nr. 80).

(5) Domgraben bei Weidlingbach, ca. 100 m südwestlich vom Aufschluß Nr. 80. Steilhang am südlichen Bachufer. Sandiger Mergel (BRIX 1961, S. 93, Aufschluß Nr. 81).

(6) Kasgraben bei Vorderhainbach, W der Safranwiese, knapp südlich Kote 310. Steilhang am westlichen Bachufer. Sandiger, meist feinblättriger bis plattiger Tonmergel bis Kalkmergel (BRIX 1961, S. 93, Aufschluß Nr. 85).

(7) NW Hochbruckenberg, an der Straße Sophienalpe—Vorderhainbach, knapp nordwestlich der Franz-Karl-Fernsicht. Steinbruch östlich der Straße. Z. T. blättriger Tonmergel (BRIX 1961, S. 93, Aufschluß Nr. 86).

(8) N von Unterpurkersdorf, SW des Hütteldorfer Pfarrwaldes. Steinbruch NW vom Purkersdorfer Waldbad. Dünnblättriger Mergel, außerdem Kalk- und Tonmergel (BRIX 1961, S. 94, Aufschluß Nr. 98).

(9) Südlich Greutberg, nordwestlich Hadersdorf, östlich Vorderhainbach. Ausbisse im Waldboden in ca. 400 m Seehöhe. Splittriger Kalkmergel (BRIX 1961, S. 94, Aufschluß Nr. 101).

(10) Südwesthang des Bierhäuselberges bei Mariabrunn, knapp nordöstlich des Gasthauses „Wolf in der Au". Hangentblößung. Plattiger Mergel (BRIX 1961, S. 94, Aufschluß Nr. 135).

(11) Nordwestlich von Sievering, östlich Gspöttgraben, SO Pfaffenberg, Steinbruch am Südhang gegen das Erbsenbachthal. Plattiger bis blättriger, etwas sandiger Tonmergel (BRIX 1961, S. 94, Aufschluß Nr. 185).

(12) SO-Abhang des Leopoldsberges. Nasenweg. Ausbisse beiderseits des Weges. Oberer Teil der Tonmergel knapp unter den Inoceramenschichten (BRIX 1961, S. 95, Aufschluß Nr. 283).

(13) NO-Hang des Leopoldsberges, knapp oberhalb der Straße Kahlenbergerdorf—Klosterneuburg. Erster Steinbruch in Richtung Klosterneuburg. Plattiger bis blättriger Tonmergel (BRIX 1961, S. 92, Aufschluß Nr. 5).

(14) 750 m nordwestlich der Höldrichsmühle (Hinterbrühl), nördlich eines Durchlasses der Autobahn. Plattiger Mergel (BRIX 1961, S. 95, Aufschluß Nr. XII).

Andere Vorkommen:

(15) Frättingsdorf (STRADNER 1963c, S. 160).

(16) Eitelgraben (STRADNER & PAPP 1961, S. 139).

(17) Ameis. Tiefenbohrung 1 der ÖMV (1112—1117 m) (STRADNER 1964, S. 137).

(18) Perschenegg. Tiefbohrung 1 der ÖMV (1434,6—1595,3 m).

(19) Südhang des Kronawetberges, 500 m östlich Klein-Engersdorf (HEKEL 1968, S. 325).

(20) 1000 m WNW der Kirche Königsbrunn. Dünne Sandsteinlagen zwischen Mergelschiefer (HEKEL 1968, S. 325).

Stratigr. Niveau:

Torton — Frättingsdorf, allochthon aus der Oberkreide (STRADNER 1963c, S. 161).
Eocän — Fundpunkt 20.

Paläocän — Eitelgraben.
Oberkreide (allg.) — Punkt 19.
Oberkreide (Flyschzone) — Fundpunkte 1 bis 13.
Oberkreide (Gosauschichten der Kalkalpen) — Fundpunkt 14.
Oberkreide (Campan) — Ameis, Perschenegg.
Aufbewahrung: Geol. Bundesanst. Wien, Abt. f. Erdöl-Geol.

Lucianorhabdus dispar Stradner, 1961

1961 (*Lucianorhabdus dispar*) Stradner 1961, S. 87, Abb. 49, 51, 52.
1961 (*Lucianorhabdus dispar*) Stradner & Papp 1961, S. 128, Abb. 13/7, Fig. 1, 2, 4, 6
bis 11 auf Taf. 40.

Geogr. Vorkommen:
    (1) Holzmannberg, Mattsee (Stat. 105 der Kartierung Braumüller, Holzhäusel)
        (Stradner & Papp 1961, S. 128 und 140, 141).
    (2) St. Pankraz, Stat. 181 (Kartierung Braumüller).
Stratigr. Niveau:
    Mittel-Eocän — Fundpunkt 1.
    Ober-Paläocän (Cuisien) — St. Pankraz.
Aufbewahrung: Geol. Bundesanst. Wien, Abt. f. Erdöl-Geol., Präp. MA/105/2/J.

Genus: *Marthasterites* Deflandre, 1959

Marthasterites bramlettei Brönnimann & Stradner, 1960

1960 (*Marthasterites bramlettei*) Brönnimann & Stradner 1960.
1961 (*Marthasterites bramlettei*) Stradner & Papp 1961, S. 113, Abb. 11/9, 19/5 und 6.

Geogr. Vorkommen:
    (1) Baden bei Wien.
    (2) Matzen.
    (3) Graben in der Nähe der Kirche Kleinrötz. Tonmergel (Hekel 1968, S. 321).
    (4) beim Wegweiser 1100 m NO Glockenberg, Kote 365. Mergelschiefer (Hekel
        1968, S. 326).
Stratigr. Niveau:
    Torton (Baden).
    Sarmat (Matzen).
Aufbewahrung: Geol. Bundesanst. Wien, Abt. f. Erdöl-Geol., Präp. BR 538/1 G.

Marthasterites contortus (Stradner, 1958) Deflandre, 1959

1958 (*Discoaster contortus*) Stradner 1958, S. 187, Abb. 35 und 36.
1959 (*Discoaster contortus*) Stradner 1959a, S. 1084, Abb. 10.
1959 (*Discoaster contortus*) Stradner 1959b, S. 477, Abb. 2, 3 und 8 (auf S. 482).
1959 (*Marthasterites contortus*) Deflandre 1959, S. 139.
1961 (*Marthasterites contortus*) Stradner & Papp 1961, S. 112, Abb. 11/8 und 20/3,
Fig. 1 bis 8 auf Taf. 36.

Geogr. Vorkommen:
    (1) Göllersdorf (Stradner 1959a, S. 1085).
    (2) S des Gasthauses Kordon im Halterthal. Sandstein (Brix 1961, S. 95, Aufschluß
        Nr. 38).

(3) Helvetikum nördlich der Stadt Salzburg. Stat. 63/2/200/1 der RAG. (STRADNER 1963b, S. 80).
(4) Puchkirchen.
(5) Kühlgraben.
(6) Gosau (die Punkte 4 bis 6: STRADNER, 1959b, S. 477).
(7) Graben in der Nähe der Kirche Kleinrötz. Tonmergel.
(8) 800 m südlich Mannhartsbrunn. Mergelschiefer.
(9) Straßenkreuzung östlich Stetten, Kote 218. Tonmergel.
(10) Beim Wegweiser 1100 m NO Glockenberg, Kote 365, Mergelschiefer.

Nachweise für die Punkte 7 bis 10: HEKEL 1968, S. 321 bis 326.

Stratigr. Niveau:

Den einzelnen Niveaus sind die Nummern der betreffenden Fundpunkte beigefügt.
Helvet — 1.
Eocän — 2.
Unter-Eocän — 3 (Zone F der Gliederung von GOHRBANDT).
Oligocän — 4.
Paläocän — 5, 7 bis 10.
Oberkreide — 6.

Aufbewahrung: Geol. Bundesanst. Wien, Abt. f. Erdöl-Geol., Präp. S 1/1.

Marthasterites furcatus (DEFLANDRE, 1954) DEFLANDRE, 1959

1954 (*Discoaster furcatus*) DEFLANDRE (& FERT) 1954, S. 168, Fig. 14 auf Taf. 13.
1954 (*Discoaster tribrachiatus*) BRAMLETTE & RIEDEL 1954, S. 397, Fig. 11 auf Taf. 38.
1958 (*Discoaster tribrachiatus*) STRADNER 1958, S. 181, Abb. 7.
1959 (*Discoaster furcatus*) STRADNER 1959a, S. 1084, Abb. 7.
1959 (*Marthasterites furcatus*) DEFLANDRE 1959, S. 139, Fig. 3 bis 12 auf Taf. 2, Fig. 1 und 5 auf Taf. 3.
1961 (*Marthasterites furcatus*) STRADNER 1961, S. 83, Abb. 62 und 63 (S. 81).
1961 (*Marthasterites furcatus*) STRADNER & PAPP 1961, S. 108, Abb. 11/1 bis 3, Fig. 1a, b, 2a, b, 5a, b.

Geogr. Vorkommen:

(1) Korneuburg, Tiefbohrung 1 (242 m) der Fa. RITZ & Co. (STRADNER 1958, S. 182).
(2) Göllersdorf (STRADNER 1959a, S. 1084).
(3) Limberg (Ibidem).
(4) Frättingsdorf (STRADNER 1963c, S. A 75, Fig. 2 auf Taf. 24).
(5) Flysch des Wienerwaldes: nordwestlich Hochbruckenberg, an der Straße Sophienalpe-Vorderhainbach, knapp nordwestlich Franz-Karl-Fernsicht. Steinbruch östlich der Straße (BRIX 1961, S. 93, Aufschluß Nr. 86).
(6) Michelstetten. Aufgrabungen an dem nach N schauenden Hang, 1 km nordöstlich der Kirche (GRILL 4557/3/1194) (STRADNER 1962b, S. 106).
(7) Texing, Tiefbohrung 1 (360 m) der ÖMV (STRADNER & PAPP 1961, S. 109).
(8) Gosau (STRADNER 1959a, S. 1084).

Stratigr. Niveau:

Helvet — Fundpunkt 1 bis 3.
Torton — Frättingsdorf (allochthon aus Oberkreide).
Oberkreide — Flysch des Wienerwaldes, Michelstetten, Texing, Gosau.

Aufbewahrung: Geol. Bundesanst. Wien, Abt. f. Erdöl-Geol.

Marthasterites jucundus DEFLANDRE, 1959

1959 (*Discoaster* (?) *furcatus*) STRADNER 1959a, S. 1084, Abb. 7.
1959 (*Marthasterites jucundus*) DEFLANDRE 1959, S. 140, Fig. 18 bis 21 auf Taf. 2.
1961 (*Marthasterites jucundus*) STRADNER & PAPP 1961, S. 109, Abb. 11/2, Fig. 3 und 4 auf Taf. 34.

Geogr. Vorkommen:
    (1) Göllersdorf und Limberg (STRADNER 1959a).
    (2) Gosau (STRADNER & PAPP 1961).
    (3) Frättingsdorf (STRADNER 1963c, S. 160, Fig. 2 auf Taf. 24).

Stratigr. Niveau:
    Helvet — Göllersdorf und Limberg (umgelagert).
    Senon — Gosau.

Aufbewahrung: Geol. Bundesanst. Wien, Abt. f. Erdöl-Geol.

Marthasterites robustus (STRADNER, 1959) STRADNER & PAPP, 1961

1959 (*Discoaster tribrachiatus* subcent. *robustus*) STRADNER 1959b, S. 477, Abb. 5, 6 und 10 (auf S. 482).
1961 (*Marthasterites robustus*) STRADNER & PAPP 1961, S. 109, Abb. 11/4 und 20/1, Fig. 7a, b und 8 auf Taf. 34.

Geogr. Vorkommen:
    (1) Kühlgraben am Untersberg (STRADNER 1959).
    (2) Mattsee, Stat. 138 (Ibidem).
    (3) Korneuburg und Göllersdorf (Ibidem).

Stratigr. Niveau:
    Unteres und mittleres Paläocän (Kühlgraben, Mattsee).
    Helvet (Korneuburg und Göllersdorf).

Aufbewahrung: Geol. Bundesanst. Wien, Abt. f. Erdöl-Geol., Präp. S 10/50/A.

Marthasterites rotans (STRADNER, 1959) DEFLANDRE, 1959

1959 (*Discoaster rotans*) STRADNER 1959a, S. 1084, Abb. 9.
1959 (*Discoaster rotans*) STRADNER 1959b, S. 477, Abb. 7 und 11 auf S. 482.
1959 (*Marthasterites rotans*) DEFLANDRE 1959, S. 139.
1961 (*Marthasterites rotans*) STRADNER & PAPP 1961, S. 111, Abb. 11/7, Fig. 5a, b, 6a, b, 8 auf Taf. 35.

Geogr. Vorkommen:
    (1) Matzen (STRADNER & PAPP 1961).
    (2) Mattsee, Stat. 138 der Kartierung BRAUMÜLLER (STRADNER 1959b), desgleichen Stat. 133 (STRADNER 1959a, S. 1084).

Stratigr. Niveau:
    Sarmat — Matzen (umgelagert).
    Mittel-Paläocän — Mattsee.

Aufbewahrung: Geol. Bundesanst. Wien, Abt. f. Erdöl-Geol., Präp. S 2/4.

Marthasterites tribrachiatus (BRAMLETTE & RIEDEL, 1954) DEFLANDRE, 1959

1954 (*Discoaster tribrachiatus*) BRAMLETTE & RIEDEL 1954, S. 397, Fig. 3a, b auf Taf. 39.
1958 (*Discoaster tribrachiatus*) STRADNER 1958, S. 181, Abb. 5 bis 7 (S. 182).
1959 (*Discoaster tribrachiatus*) STRADNER 1959a, S. 1084, Abb. 8.
1959 (*Marthasterites tribrachiatus*) DEFLANDRE 1959, S. 138, Fig. 1 auf Taf. 2.
1961 (*Marthasterites tribrachiatus*) STRADNER & PAPP, S. 110, Abb. 11/5, 6 (S. 55),   20/2
(S. 114), Fig. 1 bis 4 und 7 (Taf. 35).

Geogr. Vorkommen:

(1) Korneuburg, Tiefbohrung 1 (242 m) der Fa. RITZ & Co. (STRADNER 1958, S. 182).
(2) Göllersdorf (STRADNER 1959b, S. 477).
(3) Laa a. d. Thaya, Ziegelei BRANDHUBER.
(4) Frättingsdorf, Ziegelei.
(5) Nußdorf, Wien XIX.
(6) Puchkirchen, Tiefbohrung 1 der RAG.
(7) Kühlgraben am Untersberg (STRADNER 1959b, S. 477).
(8) Mattsee, Stat. 138 (STRADNER & PAPP 1961, S. 111).
(9) Halterthal, S des Gasthauses Kordon (BRIX 1961, S. 95, Aufschluß Nr. 38).
(10) Hagenbachklamm bei St. Andrä, 200 m nördlich der Kote 280 (BRIX 1961, S. 95, Aufschluß Nr. 112).
(11) Holzmannberg.
(12) Tiefbohrungen im Flysch, ÖMV (STRADNER 1964, S. 136).
    a) Althöflein (696,7—892,5 m).
    b) Gösting 42 (1426,9—1428,4 m).
    c) Gösting 58 (1282—1288,5 m und 1336,1—1344,3 m).
    d) Linenberg (837—1045 m, 2264—2266 m, 2943,5—2948,5 m).
(13) NO von St. Corona am Schöpfl, NO der Kote 648, westliche Straßenböschung (BRIX 1961, S. 96, Aufschluß Nr. 24).
(14) Helvetikum nördlich Salzburg (STRADNER 1963b, S. 81).
(15) Mattsee (STRADNER 1959a, S. 1084).
(16) 550 m südöstlich Thüringerhof. Grauer Tonmergel.
(17) OSO Mühlratsberg (Nord-Pfösing). Tonmergel.
(18) Straßenkreuzung östlich Stetten, Kote 218. Tonmergel.
(19) 1000 m WNW der Kirche Königsbrunn. Dünne Sandsteinlagen zwischen Mergelschiefer.
(20) Weg Schleinbach—Glockenberg, Höhenlinie 260. Nannoplankton in Flysch-Schiefer.
(21) Graben N Donaubrunn, 250 m NW des Weges an der Gemeindegrenze.
(22) Graben NO Mollmannsdorf. Bunter Tonmergel mit Lagen von quarzitischem Sandstein.
Nachweise für die Punkte 16 bis 22: HEKEL 1968, S. 321 bis 332.

Stratigr. Niveau:

Sarmat — Fundpunkt 20.
Helvet — Fundpunkte 1 bis 3.
Torton — Fundpunkte 4 und 5.
Rupel — Puchkirchen.
Eocän — Reihe der Punkte 7 bis 14 (bei Punkt 14: Zone F der Gliederung von GOHRBANDT 1963), ebenso 16, 19, 22.
Paläocän — Punkte 15, 17, 18 und 21.

Aufbewahrung: Geol. Bundesanst. Wien, Abt. f. Erdöl-Geol.

Genus: Micrantholithus DEFLANDRE, 1954

Micrantholithus flos DEFLANDRE, 1950

1950 (*Micrantholithus flos*) DEFLANDRE 1950, S. 1156, Abb. 8 bis 11.
1959 (*Micrantholithus flos*) STRADNER 1959b, S. 486, Abb. 60.
1961 (*Micrantholithus flos*) STRADNER & PAPP 1961, S. 121, Abb. 12/9, Fig. 3 und 4
auf Taf. 39.

Geogr. Vorkommen:
   (1) Puchkirchen, Tiefbohrung 1 der RAG.
   (2) Kühlgraben (STRADNER & PAPP 1961).
   (3) Mattsee, Stat. 1 (STRADNER 1959b).
   (4) Holzhäusel bei Mattsee.
Stratigr. Niveau:
   Mittel-Oligocän — Puchkirchen.
   Mittel-Eocän — Mattsee und Holzhäusel.
   Oberes Paläocän — Kühlgraben.
Aufbewahrung: Geol. Bundesanst. Wien, Abt. f. Erdöl-Geol.

Micrantholithus vesper DEFLANDRE, 1950

1950 (*Micrantholithus vesper*) DEFLANDRE 1950, S. 1156, Abb. 5 bis 7.
1959 (*Micrantholithus vesper*) STRADNER 1959b, S. 486, Abb. 59 (S. 485).
1961 (*Micrantholithus vesper*) STRADNER & PAPP 1961, S. 121, Abb. 12/8, Fig. 5a, b, 6a, b
auf Taf. 39.

Geogr. Vorkommen:
   (1) Göllersdorf, Schußbohrungspunkt HO 7/20 (STRADNER 1964, S. 134). Korneu-
      burg, Tiefbohrung 1 der Fa. RITZ & Co.
   (2) Ottenthal. Feldweg nach Kleinschweinbarth am westschauenden Hang süd-
      östlich der Kirche. Tonmergel und hellgelbe Diatomite (GRILL 4557/3/1).
   (3) Fuchsbergen. Westschauender Hang, 1 km südwest der Kirche von Ottenthal.
      Tonmergel (GRILL 4557/1/26a).
   (4) Haidberg. Graben O Haidberg. Weg knapp östlich P. 312 (GRILL 4557/1/354
      und 355). Tonmergel.
   (5) Haidberg. Hohlweg vom Punkt 387 NO gegen Falkenstein, großer Hangrutsch
      knapp NO des angeführten Punktes. Tonmergel (GRILL 4557/1/510).
   (6) Kautendorf. Baugruben und Brunnengrabungen an der Straße nach Laa a. d.
      Thaya. Tonmergel (GRILL 4557/1/503).
   (7) Loosdorf. Aufgrabung 200 m nördlich vom Obelisk N Loosdorf. Tonmergel
      (GRILL 4557/1/63).
   (8) Ernstbrunn. Aufgrabung am Wegrand der Dreikreuzgasse, 120 m südlich der
      Steinkreuze. Tonmergel (GRILL 4557/3/808b).
   (9) Reingruberhöhe. Aufgelassener Steinbruch nördlich Bruderndorf. Glaukonit-
      sand (GRILL 4656/2/41).
  (10) Haidhof. Aufgrabung 500 m SO des Gutshofes. Mergel.
  (11) Hagenbachklamm.
  (12) Waschbergzone.
Obige Vorkommen sind in folgenden Schriften angegeben:
1 — STRADNER & PAPP 1961, S. 122,
2 bis 9 — STRADNER 1962b, S. A 107,
10 — STRADNER 1962b, S. A 106.

11 — STRADNER 1969a, S. 420.
12 — STRADNER 1969b, S. 666.

Stratigr. Niveau:
1 — Helvet.
2 bis 9, desgleichen 11 — Eocän.
10 — Danien.

Aufbewahrung: Geol. Bundesanst. Wien, Abt. f. Erdöl-Geol.

Genus: *Microrhabdulus* DEFLANDRE, 1959

Microrhabdulus decoratus DEFLANDRE, 1959

1959 (*Microrhabdulus decoratus*) DEFLANDRE 1959, S. 140, Fig. 1 bis 5 auf Taf. 4.
1961 (*Microrhabdulus decoratus*) STRADNER 1961, S. 83, Abb. 70 (S. 81).

Geogr. Vorkommen:

(1) Grünthal bei Kierling. Bei Haus Nr. 70, südwestlich Freibergerhof. Aufschluß durch Bau eines Weges entstanden. Mergeliger Sandstein (BRIX 1961, S. 92, Aufschluß Nr. 14).
(2) Nordwestlich Hochbruckenberg, an der Straße Sophienalpe-Vorderhainbach, knapp nordwestlich Franz-Karl-Fernsicht. Steinbruch östlich der Straße. Blättriger Tonmergel (BRIX 1961, S. 93, Aufschluß Nr. 86).
(3) Waidach (STRADNER 1961, S. 83).
(4) Weg südöstlich Luisenmühle, Kote 201. Zwischen Rußbach und ehemaligem Steinbruch chondritenführender Tonmergel, dazwischen Sandsteinlamellen (HEKEL 1968, S. 324).
(5) Graben SW Haberfeld. Sandstein zwischen Tonmergellagen (HEKEL 1968, S. 329).

Stratigr. Niveau: Ober-Kreide (Senon).

Aufbewahrung: Geol. Bundesanst. Wien, Abt. f. Erdöl-Geol.

Microrhabdulus helicoides DEFLANDRE, 1959

1959 (*Microrhabdulus helicoides*) DEFLANDRE 1959, S. 141, Fig. 9 und 10 auf Taf. 4.
1962 (*Microrhabdulus helicoides*) STRADNER 1962b, S. A 106.

Geogr. Vorkommen: Michelstetten. Mergel in Aufgrabungen an dem nach N schauenden Hang, 1 km nordöstlich der Kirche.

Stratigr. Niveau: Maestricht.

Aufbewahrung: Geol. Bundesanst. Wien, Abt. f. Erdöl-Geol.

Microrhabdulus nodosus STRADNER, 1963

1963 (*Microrhabdulus nodosus*) STRADNER 1963a, S. 177, Fig. 13 auf Taf. 4.

Geogr. Vorkommen: Ameis, Tiefbohrung 1 der ÖMV.

Stratigr. Niveau: Turon.

Aufbewahrung: Geol. Bundesanst. Wien, Abt. f. Erdöl-Geol., Präp. AM/TU 1.

Genus: *Micula* VEKSHINA, 1959

Micula staurophora (GARDET, 1955) VEKSHINA, 1959

1955 (*Discoaster staurophorus*) GARDET 1955, S. 534, Fig. 96 auf Taf. 10.
1959 (*Micula staurophora*) VEKSHINA 1959, S. 71, Fig. 6 auf Taf. 1, Fig. 11 auf Taf. 2.
1964 (*Micula staurophora*) STRADNER 1964, S. 138.

Geogr. Vorkommen:
    (1) Baden bei Wien, Ziegelei Soos.
    (2) Nußdorf, Wien XIX.
    (3) Frättingsdorf (STRADNER 1963c, S. 160, Fig. 1 auf Taf. 24).
    (4) Ameis, Ziegelei.
    (5) Ernsdorf.
    (6) Altruppersdorf (GRILL 4557/2/505).
    (7) Stützenhofen (GRILL 4557/2/116).
       (8) Mühldorf im Lavantthal.
    (9) Ameis, Tiefbohrung (2188,5—2229,5 m) der ÖMV.
    (10) Wollmannsberg (Schußbohrungen).
    (11) Graben SW Haberfeld. Sandstein zwischen Lagen von Tonmergel (HEKEL
        1968, S. 329).
    Literarische Belege:
    STRADNER 1963d, S. A 75 — für die Fundpunkte der Reihe 1 bis 8.
    STRADNER 1964, S. 138 — für die Punkte 9 und 10.

Stratigr. Niveau:
    Torton (allochthon — Fundpunkte 1 bis 8.
    Turon — Fundpunkte 9 und 10.
    Oberkreide — Punkt 11.

Aufbewahrung: Geol. Bundesanst. Wien, Abt. f. Erdöl-Geol.

Genus: *Nannotetraster* MARTINI & STRADNER, 1960

Nannotetraster austriacus STRADNER, 1959

1959 (*Trochoaster austriacus*) STRADNER 1959, S. 1088, Abb. 11 (S. 1085).
1959 (*Trochoaster austriacus*) STRADNER 1959b, S. 480, Abb. 53.
1960 (*Nannotetraster austriacus*) MARTINI & STRADNER 1960, S. 266.
1961 (*Nannotetraster austriacus*) STRADNER & PAPP, S. 107, Abb. 10/6, Fig. 1a, b und
    Fig. 2a, b auf Taf. 33.

Geogr. Vorkommen: Holzmannberg.
Stratigr. Niveau: Mittleres Eocän.
Aufbewahrung: Geol. Bundesanst. Wien, Abt. f. Erdöl-Geol., Präp. S 2/9.

Nannotetraster concavus STRADNER, 1960

1960 (*Nannotetraster concavus*) STRADNER (= MARTINI & STRADNER) 1960, S. 269,
    Abb. 18 a bis d (S. 268).
1961 (*Nannotetraster concavus*) STRADNER 1961, S. 83, Abb. 66 bis 69.
1961 (*Nannotetraster concavus*) STRADNER & PAPP 1961, S. 102, Abb. 10/1 und 19/1 bis 4,
    Fig. 1/a bis d auf Taf. 31.

Geogr. Vorkommen:
  (1) Osthang des Leopoldsberges, 230 m Seehöhe, NNW Kahlenbergerdorf. Hangentblößung. Tonmergel (BRIX 1961, S. 92, Aufschluß Nr. 4).
  (2) Nordosthang des Leopoldsberges, oberhalb der Straße von Kahlenbergerdorf nach Klosterneuburg. Erster Steinbruch in Richtung Klosterneuburg. Tonmergel (BRIX 1961, S. 92, Aufschluß Nr. 5).
  (3) Halterbachthal, Südfuß der Steinernen Lahn, NO Kolbeterberg. Steinbruch. Sandstein, mit mergeligem Bindemittel (BRIX 1961, S. 92, Aufschluß Nr. 40).
  (4) Domgraben bei Weidlingbach, O Toiflhütte, knapp N der Kote 336. Hangentblößung an der nördlichen Wegseite. Splittriger Kalkmergel (BRIX 1961, S. 93, Aufschluß Nr. 47).
  (5) Rotgraben bei Weidling, SO Haschberg, ca. 350 m östlich der Kote 235, nördlich der Straße. Hangabgrabung hinter einem Wohnhaus. Plattiger Mergel (BRIX 1961, S. 93, Aufschluß Nr. 74).
  (6) Domgraben bei Weidlingbach, ca. 100 m südwestlich des Aufschlusses Nr. 80. Steilhang am südlichen Bachufer. Sandiger Mergel (BRIX 1861, S. 93, Aufschluß Nr. 81).
  (7) Kasgraben bei Vorderhainbach, W der Safranwiese, knapp südlich Kote 310. Steilhang am westlichen Bachufer. Meist feinblättriger bis plattiger Tonmergel (BRIX 1961, S. 93, Aufschluß Nr. 85).
  (8) NW Hochbruckenberg, an der Straße Sophienalpe-Vorderhainbach, knapp nordwestlich Franz-Karl-Fernsicht. Steinbruch östlich der Straße. Z. T. blättriger Mergel bis Tonmergel (BRIX 1961, S. 93, Aufschluß Nr. 86).
  (9) Knapp NW vom Schloß Neuwaldegg, SW vom Schafberg, Westhang eines Grabens. Meist dünnblättriger Mergel (BRIX 1961, S. 93, Aufschluß Nr. 89).
  (10) Nördlich Unter-Purkersdorf, SW des Hütteldorfer Pfarrwaldes. Steinbruch NW vom Purkersdorfer Waldbad. Dünnblättriger Mergel, daneben Kalk- und Tonmergel (BRIX 1961, S. 94, Aufschluß Nr. 98).
  (11) Mühlberg bei Weidlingau. Steinbruch am Berggipfel (Kote 311). Mergel, z. T. sandig (BRIX 1961, S. 94, Aufschluß Nr. 99).
  (12) NW Weidlingau, NO Hütteldorfer Pfarrwald, knapp N Wurzbachthal, S Kote 410. Steinbruch am östlichen Talhang. Grauer, plattiger bis blättriger Mergel (BRIX 1961, S. 94, Aufschluß Nr. 100).
  (13) SSO St. Andrä, SSW Römerbrunnen, knapp S der Straßenspitzkehre. Nordausgang der Hagenbachklamm. Hangentblößung am Weg der östlichen Talseite. Plattiger, etwas sandiger Mergel (BRIX 1961, S. 94, Aufschluß Nr. 114).
  (14) Herzogberg, SW Perchtoldsdorf, NO Gießhübl. Steinbruch bei Kote 357. Mergel; hangend und liegend Gosaukonglomerate (BRIX 1961, S. 95, Aufschluß Nr. XXI).
  (15) Waidach (STRADNER & PAPP 1961, S. 102).
  (16) Michelstetten (STRADNER 1962b, S. A 106).

Stratigr. Niveau: Die oben behandelten Punkte 1 bis 13 gehören zur Oberkreide der Flyschzone; der Punkt 14 zählt zur Oberkreide der kalkalpinen Gosauschichten. Für den Punkt 15 ist Senon, für den Punkt 16 Maestricht angegeben.

Aufbewahrung: Geol. Bundesanst. Wien, Abt. f. Erdöl-Geol., Präp. WA 0/1.

Nannotetraster cristatus (MARTINI, 1958) MARTINI & STRADNER, 1960

1958 (*Trochoaster cristatus*) MARTINI 1958, S. 368, Fig. 26 a, b auf Taf. 5.
1959 (*Trochoaster cristatus*) STRADNER 1959b, S. 481, Abb. 56, 58 (S. 484).
1960 (*Nannotetraster cristatus*) MARTINI 1960, in: MARTINI & STRADNER 1960, S. 266.
1961 (*Nannotetraster cristatus*) STRADNER & PAPP 1961, S. 104, Abb. 10/10, Fig. 8 und 10 auf Taf. 31.

Geogr. Vorkommen:
   (1) Nordöstlich Großhöniggraben, knapp südöstlich Grafenberg (Kote 525), nord-
       westlich Kote 457. Aufgelassener Steinbruch. Blättriger Tonstein (BRIX 1961,
       S. 96, Aufschluß Nr. 1961). NÖ.
   (2) Mattsee (STRADNER 1959b, S. 481).
   (3) Holzhäusel bei Mattsee.
   (4) Laa a. d. Thaya, Ziegelei BRANDHUBER.
Stratigr. Niveau:
   Eocän — Fundpunkte 1 bis 3.
   Helvet (umgelagert) — Laa a. d .Thaya.
Aufbewahrung: Geol. Bundesanst. Wien, Abt. f. Erdöl-Geol.

Nannotetraster spinosus STRADNER, 1960

1960 (*Nannotetraster spinosus*) STRADNER 1960 (= MARTINI & STRADNER 1960), S. 269,
   Abb. 17 a, c.
1961 (*Nannotetraster spinosus*) STRADNER & PAPP 1961, S. 105, Abb. 10/9, Fig. 1a, b
   und Fig. 6.
Geogr. Vorkommen:
   (1) Mattsee, Stat. 37 der RAG.
   (2) Holzhäusel bei Mattsee.
Stratigr. Niveau: Mittel-Eocän.
Aufbewahrung: Geol. Bundesanst. Wien, Abt. f. Erdöl-Geol., Präp. MTS 37/2/Z.

Nannotetraster staurophorus (GARDET, 1955) STRADNER, 1959

1955 (*Discoaster staurophorus*) GARDET 1955, S. 534, Fig. 96 auf Taf. 10.
1959 (*Trochoaster staurophorus*) STRADNER 1959b, S. 480, Abb. 49 und 50 (auf S. 484).
1960 (*Nannotetraster staurophorus*) MARTINI & STRADNER 1960, S. 266, Abb. 1.
Geogr. Vorkommen:
   A. Flysch des Wienerwaldes.
       (1) ONO Exelberg (Kote 515). Steinbruch an der Südseite der Straße
           Neuwaldegg—Scheiblingstein. Plattiger, sandiger Mergel (BRIX 1961, S. 92,
           Aufschluß Nr. 35).
       (2) Rotgraben bei Weidling, südöstlich Haschberg, ca. 350 m östlich der
           Kote 235, nördlich der Straße. Hangabgrabung hinter einem Wohnhaus.
           Plattiger Mergel (BRIX 1961, S. 93, Aufschluß Nr. 74).
       (3) WNW Weidling, OSO Haschberg, SO Steinbruch Kahlegrub, Steilhang
           östlich der Straße. Sandstein, mit mergeligem Bindemittel (BRIX 1961,
           S. 93, Aufschluß Nr. 75).
       (4) Domgraben bei Weidlingbach, ca. 100 m südwestlich des Aufschlusses
           Nr. 80, Steilhang am südlichen Bachufer. Sandiger Mergel (BRIX 1961,
           S. 93, Aufschluß Nr. 81).
       (5) Kasgraben bei Vorderhainbach, westlich Safranwiese, knapp südlich
           Kote 310, Steilhang am westlichen Bachufer. Tonmergel bis Kalkmergel,
           meist feinblättrig bis plattig (BRIX 1961, S. 93, Aufschluß Nr. 85).
       (6) NW Hochbruckenberg, an der Straße Sophienalpe—Vorderhainbach, knapp
           NW der Franz-Karl-Fernsicht. Steinbruch östlich der Straße. Blättriger
           Tonmergel (BRIX 1961, S. 93, Aufschluß Nr. 86).
       (7) N Unterpurkersdorf, SW Hütteldorfer Pfarrwald, Steinbruch NW vom
           Purkersdorfer Waldbad. Dünnblättriger Mergel, daneben Kalk- und Ton-
           mergel (BRIX 1961, S. 94, Aufschluß Nr. 98).

(8) Mühlberg bei Weidlingau. Steinbruch am Berggipfel (Kote 311). Z. T. sandiger Mergel (BRIX 1961, S. 94, Aufschluß Nr. 99).

(9) Südlich Greutberg, NW Hadersdorf, O Vorderhainbach, Ausbisse im Wegboden, in ca. 400 m Seehöhe. Kalkmergel (BRIX 1961, S. 94, Aufschluß Nr. 101).

(10) OSO Höflein a. d. Donau, ONO Hundsberg (Kote 351), knapp nordöstlich Kote 270. Steinbruch mit plattigem Tonmergel (BRIX 1961, S. 94, Aufschluß Nr. 129).

(11) SW-Hang des Bierhäuselberges bei Mariabrunn, knapp NO des Gasthauses „Wolf in der Au". Hangentblößung. Plattiger Mergel (BRIX 1961, S. 94, Aufschluß Nr. 135).

(12) NW von Sievering, östlich Gspöttgraben, SO Pfaffenberg. Steinbruch am Südhang gegen das Erbsenbachthal. Etwas sandiger, plattiger bis blättriger Tonmergel (BRIX 1861, S. 94, Aufschluß Nr. 185).

(13) SO-Abhang des Leopoldsberges, Nasenweg. Ausbisse beiderseits des Weges. Tonmergel unterhalb der Inoceramenschichten (BRIX 1961, S. 95, Aufschluß Nr. 283).

B. (14) Baden bei Wien, Ziegelei Soos (STRADNER & PAPP 1961, S. 146).

(15) Nußdorf, Wien XIX (Ibidem, S. 147). Kahlenbergerdorf (STRADNER 1959b, S. 480).

(16) Texing, Tiefbohrung 1 (Ibidem, S. 145).

(17) Holzmannberg (Ibidem, S. 141).

(18) Mattsee, Sta. 138 (Ibidem, S. 140).

(19) Kühlgraben.

(20) Eitelgraben.

(21) Gosau (STRADNER 1961, S. 83).

Stratigr. Niveau:

Torton — B 14 und B 15.
Mittel-Oligocän — B 16.
Mittel-Eocän — B 17 und B 18.
Unter-Eocän — B 19.
Paläocän — B 20.
Ober-Kreide — A 1 bis A 13, B 21, Kahlenbergerdorf.

Aufbewahrung: Geol. Bundesanst. Wien, Abt. f. Erdöl-Geol.

Nannotetraster swasticoides (MARTINI, 1958) MARTINI & STRADNER, 1960

1958 (*Trochoaster swasticoides*) MARTINI 1958, S. 368, Fig. 27 a, b auf Taf. 5.
1958 (*Trochoaster swasticoides*) STRADNER 1958, S. 1089, Abb. 12 (S. 1085).
1959 (*Trochoaster swasticoides*) STRADNER 1959b, S. 480, Abb. 51, 52 und 57 (S. 484).
1960 (*Nannotetraster swasticoides*) MARTINI & STRADNER 1960, S. 266.
1961 (*Nannotetraster swasticoides*) STRADNER & PAPP 1961, S. 104, Abb. 10/5 (S. 55), Fig. 5—7 und 9 auf Taf. 31.

Geogr. Vorkommen:

(1) Mattsee (STRADNER & PAPP, S. 104).
(2) Eitelgraben (STRADNER 1959a, S. 1089).
(3) Holzhäusel (STRADNER & PAPP 1961, S. 140).

Stratigr. Niveau:

Mittel-Eocän — Mattsee, Holzhäusel.
Unter-Eocän — Eitelgraben.

Aufbewahrung: Geol. Bundesanst. Wien, Abt. f. Erdöl-Geol.

Genus: *Nannoturbella* BRÖNNIMANN & STRADNER, 1960

Nannoturbella moriformis BRÖNNIMANN & STRADNER, 1960

1960 (*Nannoturbella moriformis*) BRÖNNIMANN & STRADNER 1960, S. 368, Abb. 11 bis 16 (auf S. 367).

Geogr. Vorkommen:
  (1) Kühlgraben.
  (2) Eitelgraben.

Stratigr. Niveau:
  Unter-Eocän — Kühlgraben.
  Paläocän — Eitelgraben.

Aufbewahrung: Geol. Bundesanst. Wien, Abt. f. Erdöl-Geol., Präp. BR 538/1/T.

Genus: *Pemma* KLUMPP, 1953

Pemma papillatum MARTINI, 1959

1959 (*Pemma papillatum*) MARTINI 1959, S. 139, Abb. 1.
1959 (*Pemma papillatum*) STRADNER 1959b, S. 487, Abb. 67, 69.
1961 (*Pemma papillatum*) STRADNER & PAPP 1961, S. 120, Abb. 12/7, Fig. 2 bis 6 auf Taf. 38.

Geogr. Vorkommen:
  (1) Puchkirchen, Tiefbohrung 1 der RAG (STRADNER & PAPP 1961).
  (2) Waschberg-Zone (STRADNER 1969b, S. 666).

Stratigr. Niveau:
  Oligocän (umgelagert) — Fundpunkt 1.
  Eocän — Fundpunkt 2.

Aufbewahrung: Geol. Bundesanst. Wien, Abt. f. Erdöl-Geol.

Pemma rotundum KLUMPP, 1953

1953 (*Pemma rotundum*) KLUMPP 1953, S. 381, Abb. 2/3, Fig. 3 auf Taf. 16.
1959 (*Pemma rotundum*) STRADNER 1959b, S. 487, Abb. 66.
1961 (*Pemma rotundum*) STRADNER & PAPP 1961, S. 119, Abb. 12/6, Fig. 1a, b auf Taf. 38.

Geogr. Vorkommen: Holzmannberg (STRADNER 1959b).

Stratigr. Niveau: Mittel-Eocän.

Aufbewahrung: Geol. Bundesanst. Wien, Abt. f. Erdöl-Geol.

Genus: *Pontosphaera* LOHMANN, 1902

Pontosphaera kautendorfensis KAMPTNER, 1964

1964 (*Pontosphaera kautendorfensis*) KAMPTNER 1964, in: BACHMAYER 1964, S. 185, Abb. 3, Fig. 8 und 9 auf Taf. 2.

Geogr. Vorkommen: Staatz (Kautendorf).

Stratigr. Vorkommen: Plistocän, auf allochthon-heterochroner Lagerstätte.

Genus: *Reticulofenestra* HAY-MOHLER-WADE, 1966

Reticulofenestra dictyoda (DEFLANDRE, 1954) HAY-MOHLER-WADE, 1966

1954 (*Discolithus dictyodus*) DEFLANDRE (& FERT) 1954, S. 140, Abb. 15.
1969 (*Reticulofenestra dictyoda*) STRADNER 1969b, S. 666.
Geogr. Vorkommen: Waschbergzone.
Stratigr. Niveau: Eocän.
Aufbewahrung: Geol. Bundesanst. Wien, Abt. f. Erdöl-Geol.

Reticulofenestra oamaruensis (DEFLANDRE, 1954) STRADNER

1954 (*Discolithus oamaruensis*) DEFLANDRE (& FERT) 1954, S. 139, Fig. 1 auf Taf. 12.
1969 (*Reticulofenestra oamaruensis*) STRADNER 1969b, S. 666.
Geogr. Vorkommen: Waschbergzone.
Stratigr. Niveau: Ober-Eocän.
Aufbewahrung: Geol. Bundesanst. Wien, Abt. f. Erdöl-Geol.

Genus: *Rhabdolithus* KAMPTNER, 1949

Rhabdolithus anthophorus DEFLANDRE, 1959

1959 (*Rhabdolithus anthophorus*) DEFLANDRE 1959, S. 137, Fig. 21, 22 auf Taf. 1.
1964 (*Rhabdolithus anthophorus*) STRADNER 1964, S. 137.
Geogr. Vorkommen:
    (1) Tiefbohrung Ameis 1 (1112—1117 m), ÖMV.
    (2) Perschenegg 1 (1434,6—1595,3 m), ÖMV.
Stratigr. Niveau:
    Oberkreide (Campan),
    auch an zahlreichen anderen Punkten im Oberkreide-Flysch (Kahlenberger
    Schichten).
Aufbewahrung: Geol. Bundesanst. Wien, Abt. f. Erdöl-Geol.

Rhabdolithus rectus DEFLANDRE, 1954

1954 (*Rhabdolithus rectus*) DEFLANDRE & FERT 1954, S. 157, Fig. 12 auf Taf. 11.
    (*Rhabdolithus rectus*) STRADNER 1969b, S. 666.
Geogr. Vorkommen: Waschbergzone.
Stratigr. Niveau: Ober-Eocän.
Aufbewahrung: Geol. Bundesanst. Wien, Abt. f. Erdöl-Geol.

Rhabdolithus siccus STRADNER, 1963

1963 (*Rhabdolithus siccus*) STRADNER 1963c, S. 158, Abb. 3 (S. 157), Fig. 8 auf Taf. 24.
Geogr. Vorkommen: Ziegelei Frättingsdorf, auch im Lavantthal.
Stratigr. Niveau: Torton (untere Lagenidenzone).
Aufbewahrung: Geol. Bundesanst. Wien, Abt. f. Erdöl-Geol., Präp. Frätt 23/B.

Rhabdolithus turriseiffeli (DEFLANDRE, 1954) DEFLANDRE, 1959

1954 (*Zygolithus turriseiffeli*) DEFLANDRE (& FERT) 1954, S. 149, Abb. 65 (S. 140), Fig. 15 und 16 auf Taf. 13.
1959 (*Zygrhablithus turriseiffeli*) DEFLANDRE 1959, S. 135.
1963 (*Rhabdolithus turriseiffeli*) STRADNER 1963d, S. A 75.

Geogr. Vorkommen:
    (1) Baden bei Wien, Ziegelei Soos, Badener Tegel.
    (2) Nußdorf, Wien XIX, Grünes Kreuz, Dennweg, Amphisteginen-Mergel.
    (3) Frättingsdorf. Badener Tegel.
    (4) Ameis. Badener Tegel.
    (5) Ernsdorf. Badener Tegel.
    (6) Altruppersdorf, Baugrube am westlichen Ortseingang (GRILL 4557/2/505).
    (7) Stützenhofen. Feldweg südlich des Dorfes, ca. 30 m nördlich des Waldrandes (GRILL 4557/2/116).
    (8) Mühldorf im Lavantthal. Tortonmergel bei der Hleunigmühle.
    (9) Weg südöstlich Luisenmühle, Kote 201. Zwischen Rußbach und ehemaligem Steinbruch chondritenführender Tonmergel, dazwischen Sandsteinlamellen (HEKEL 1968, S. 324).
    (10) Südhang des Kronawetberges, 500 m östlich Klein-Engersdorf.
    (11) Graben SW Haberfeld. Sandstein zwischen Lagen von Tonmergel.
    Nachweise für die Fundpunkte 9 bis 11: HEKEL 1968, S. 324 bis 329.

Stratigr. Niveau:
    Torton — Fundpunkte 1 bis 8.
    Oberkreide — Fundpunkte 9 bis 11.

Aufbewahrung: Geol. Bundesanst. Wien, Abt. f. Erdöl-Geol.

Genus: *Rhabdosphaera* HAECKEL, 1894

Rhabdosphaera herculea STRADNER, 1969

1969 (*Rhabdosphaera herculea*) STRADNER 1969 a, S. 415, Fig. 9 bis 11 auf Taf. 89.

Geogr. Vorkommen: Hagenbachklamm.

Stratigr. Niveau: Eocän.

Aufbewahrung: Geol. Bundesanst. Wien, Abt. f. Erdöl-Geol.

Rhabdosphaera pinguis DEFLVNDRE, 1954

1954 (*Rhabdosphaera pinguis*) DEFLANDRE & FERT 1954, S. 153, Fig. 26 und 27 auf Taf. 82.
1969 (*Rhabdosphaera pinguis*) STRADNER 1969a, S. 415, Fig. 13 bis 15 auf Taf. 89.

Geogr. Vorkommen: Hagenbachklamm.

Stratigr. Niveau: Eocän.

Aufbewahrung: Geol. Bundesanst. Wien, Abt. f. Erdöl-Geol.

Rhabdosphaera truncata BRAMLETTE & SULLIVAN, 1961

1961 (*Rhabdosphaera truncata*) BRAMLETTE & SULLIVAN 1961, S. 147, Fig. 15 auf Taf. 5.
1969 (*Rhabdosphaera truncata*) STRADNER 1969a, S. 415, Fig. 6 bis 8 auf Taf. 89.

Geogr. Vorkommen: Hagenbachklamm.

Stratigr. Niveau: Eocän.

Aufbewahrung: Geol. Bundesanst. Wien, Abt. f. Erdöl-Geol.

Genus: *Scapholithus* Deflandre, 1954

Scapholithus fossilis Deflandre, 1954

1954 *(Scapholithus fossilis)* Deflandre & Fert 1954, S. 165, Fig. 12, 16 und 17 auf Taf. 8.
1969 *(Scapholithus fossilis)* Stradner 1969a, S. 420, Fig. 13 und 14 auf Taf. 83.
Geogr. Vorkommen: Hagenbachklamm.
Stratigr. Niveau: Eocän.
Aufbewahrung: Geol. Bundesanst. Wien, Abt. f. Erdöl-Geol.

Genus: *Scyphosphaera* Lohmann, 1902

Scyphosphaera apsteini Lohmann, 1902

1902 *(Scyphosphaera apsteini)* Lohmann 1902, S. 132, Fig. 26 bis 30 auf Taf. 4.
1948 *(Scyphosphaera apsteini)* Kamptner 1948, S. 9, Fig. 3 auf Taf. 1.
1969 *(Scyphosphaera apsteini)* Stradner 1969a, S. 416, Fig. 1 bis 3 auf Taf. 4.
Geogr. Vorkommen:
    (1) Inneralpines Wiener Becken (Kamptner 1948).
    (2) Hagenbachklamm (Stradner 1969a).
Stratigr. Niveau:
    Torton — Fundpunkt 1.
    Eocän — Fundpunkt 2.
Aufbewahrung: Geol. Bundesanst. Wien, Abt. f. Erdöl-Geol. (Fundpunkt 2).

Scyphosphaera columella Stradner, 1969

1969 *(Scyphosphaera columella)* Stradner 1969a, S. 416, Fig. 4 bis 8 auf Taf. 88.
Geogr. Vorkommen: Hagenbachklamm.
Stratigr. Niveau: Eocän.
Aufbewahrung: Geol. Bundesanst. Wien, Abt. f. Erdöl-Geol.

Scyphosphaera galeana Kamptner, 1967

1967 *(Scyphosphaera galeana)* Kamptner 1967, S. 149, Abb. 19, Fig. 63 auf Taf. 9.
1969 *(Scyphosphaera galeana)* Stradner 1969a, S. 416, Fig. 1 bis 3 auf Taf. 88.
Geogr. Vorkommen: Hagenbachklamm.
Stratigr. Niveau: Eocän.
Aufbewahrung: Geol. Bundesanst. Wien, Abt. f. Erdöl-Geol.

Scyphosphaera tubicena Stradner, 1969

1969 *(Scyphosphaera tubicena)* Stradner 1969a, S. 416, Fig. 9 bis 12 auf Taf. 88.
Geogr. Vorkommen: Hagenbachklamm.
Stratigr. Niveau: Eocän.
Aufbewahrung: Geol. Bundesanst. Wien, Abt. f. Erdöl-Geol.

Genus: Sphenolithus DEFLANDRE, 1952

Sphenolithus radians DEFLANDRE, 1952

1952 (*Sphenolithus radians*) DEFLANDRE 1952, S. 467, Abb. 363.
1963 (*Sphenolithus radians*) STRADNER 1963d, S. A 76.

Geogr. Vorkommen:
    (1) Baden bei Wien, Ziegelei Soos.
    (2) Nußdorf, Wien XIX, Grünes Kreuz, Dennweg.
    (3) Frättingsdorf.
    (4) Ameis.
    (5) Ernsdorf.
    (6) Altruppersdorf. Baugrube am westlichen Ortseingang (GRILL 4557/2/505).
    (7) Stützenhofen. Feldweg südlich des Dorfes, ca. 30 m nördlich vom Waldrand (GRILL 4557/2/116).
    (8) Mühldorf im Lavantthal.
    (9) Oichtenthal.
    (10) Holzmannberg.
    (11) Mattsee, Stat. 138 (Kartierung BRAUMÜLLER).
    (12) Kühlgraben.
    (13) Hagenbachklamm.

Stratigr. Niveau:
    Torton — Fundpunkte 1 bis 8 (STRADNER 1963d, S. A 75).
    Ober-Eocän — Fundpunkt 13 (STRADNER 1969a, S. 421).
    Mittel-Eocän — Fundpunkte 9 bis 11 (STRADNER & PAPP 1961, S. 140, 141).
    Unter-Eocän — Punkt 12 (Ibidem, S. 139).

Aufbewahrung: Geol. Bundesanst. Wien, Abt. f. Erdöl-Geol.

Genus: Stephanolithion DEFLANDRE, 1939

Stephanolithion laffittei NOËL, 1956

1956 (*Stephanolithion laffittei*) NOËL 1956, S. 318, Fig. 5 und 6 auf Taf. 2 (S. 317).
1964 (*Stephanolithion laffittei*) STRADNER 1964, S. 138.

Geogr. Vorkommen:
    (1) Klement, NÖ.
    (2) Ameis, Tiefbohrung 1 (2188,5—2229,5 m), ÖMV.

Stratigr. Niveau: Turon (Klementer Schichten).

Aufbewahrung: Geol. Bundesanst. Wien, Abt. f. Erdöl-Geol.

Genus: Tetralithus GARDET, 1955

Tetralithus copulatus DEFLANDRE, 1959

1959 (*Tetralithus copulatus*) DEFLANDRE 1959, S. 138, Fig. 19 bis 24 auf Taf. 3.
1961 (*Tetralithus copulatus*) STRADNER & PAPP 1961, S. 124, Abb. 13/4, Fig. 14 und 15 auf Taf. 40.

Geogr. Vorkommen: Eitelgraben.

Stratigr. Niveau: Maestricht.

Aufbewahrung: Geol. Bundesanst. Wien, Abt. f. Erdöl-Geol.

Tetralithus gothicus DEFLANDRE, 1959

1959 (*Tetralithus gothicus*) DEFLANDRE 1959, S. 138, Fig. 25 auf Taf. 3.
1961 (*Tetralithus gothicus*) STRADNER & PAPP 1961, S. 124, Abb. 13/2, 23 a bis c, Fig. 13 a, b auf Taf. 40.
1964 (*Tetralithus gothicus*) STRADNER 1964, S. 137.

Geogr. Vorkommen:
    (1) Ameis, Tiefbohrung 1 (1112—1117 m) der ÖMV.
    (2) Perschenegg (1434,6—1595,3 m), ÖMV.

Stratigr. Niveau: Oberkreide (Campan).

Aufbewahrung: Geol. Bundesanst. Wien, Abt. f. Erdöl-Geol.

Tetralithus murus MARTINI, 1961

1961 (*Tetralithus murus*) MARTINI 1961, S. 4, Fig. 6 auf Taf. 1, Fig. 42 auf Taf. 4.
1961 (*Tetralithus murus*) STRADNER & PAPP 1961, S. 125, Abb. 13/5 und 23/2 a, b.
1964 (*Tetralithus murus*) STRADNER 1964, S. 137.

Geogr. Vorkommen:
    (1) Ameis 1 (1150—1155 m), ÖMV (Tiefbohrung).
    (2) Texing 1 (973—975,8 m), ÖMV (Tiefbohrung).
    (3) Perschenegg 1 (0—434,5 m), ÖMV (Tiefbohrung).
    (4) Flysch des Wienerwaldes.
    (5) Waidach.
    Literarische Nachweise: STRADNER 1964, S. 137 — für die Fundpunkte 1 bis 3, ferner STRADNER & PAPP 1961, S. 125 — für die Punkte 4 und 5.

Stratigr. Niveau: Maestricht.

Aufbewahrung: Geol. Bundesanst. Wien, Abt. f. Erdöl-Geol.

Tetralithus ovalis STRADNER, 1963

1963 (*Tetralithus ovalis*) STRADNER 1963 a, S. 178, Fig. 7 auf Taf. 6.
1964 (*Tetralithus ovalis*) STRADNER 1964, S. 138, Abb. 45.

Geogr. Vorkommen:
    (1) Ameis, Tiefbohrung 1 (2188,5—2229,5 m) der ÖMV.
    (2) Klement.
    (3) Klafterbrunn.

Stratigr. Niveau: Turon.

Aufbewahrung: Geol. Bundesanst. Wien, Abt. f. Erdöl-Geol., Präp. Klb/5/B.

Tetralithus pyramidus GARDET, 1955

1955 (*Tetralithus pyramidus*) GARDET 1955, S. 521, Fig. 66 auf Taf. 7.
1961 (*Tetralithus pyramidus*) STRADNER 1961, S. 83, Abb. 90, 91 (S. 85).
1961 (*Tetralithus pyramidus*) STRADNER & PAPP 1961, S. 123, Abb. 13/1, Fig. 12 a, b auf Taf. 40.

Geogr. Vorkommen:
    (1) Eitelgraben (STRADNER 1961, S. 83).

(2) Osthang des Leopoldsberges in ca. 230 m Seehöhe, NNW Kahlenbergerdorf, Hangentblößung. Blättriger Tonmergel (BRIX 1961, S. 92, Aufschluß Nr. 4).

(3) Nordosthang des Leopoldsberges, knapp oberhalb der Straße Kahlenbergerdorf—Klosterneuburg. Erster Steinbruch in Richtung Klosterneuburg. Plattiger bis blättriger Tonmergel (BRIX 1961, S. 92, Aufschluß Nr. 5).

(4) Nördlich Unterpurkersdorf. Südwestlich Hütteldorfer Pfarrwald. Steinbruch nordwestlich vom Purkersdorfer Waldbad. Dünnblättriger Mergel (BRIX 1961, S. 94, Aufschluß Nr. 98).

(5) Herzogberg südwestlich Perchtoldsdorf, nordöstlich Gießhübl. Steinbruch bei Kote 357. Mergel (BRIX 1961, S. 95, Aufschluß Nr. XXI).

(6) Nordöstlich Klausen-Leopoldsdorf. Südwestlich Hinter-Brunneck, knapp östlich Kote 429. Kleine Aufgrabung an einem Waldweg. Tonmergel (BRIX 1961, S. 96, Aufschluß Nr. XXXVII).

Stratigr. Niveau : Ober-Kreide.

Aufbewahrung: Geol. Bundesanst. Wien, Abt. f. Erdöl-Geol.

Tetralithus quadratus STRADNER, 1961

1961 (*Tetralithus quadratus*) STRADNER 1961, S. 86, Abb. 92 (S. 85).
1961 (*Tetralithus quadratus*) STRADNER & PAPP 1961, S. 126.

Geogr. Vorkommen:
   (1) Eitelgraben.
   (2) Rogatsboden.

Stratigr. Niveau: Paläocän.

Aufbewahrung: Geol. Bundesanst. Wien, Abt. f. Erdöl-Geol., Präp. E/2/B.

Genus: *Thoracosphaera* KAMPTNER, 1927

Thoracosphaera albatrosiana KAMPTNER, 1963

1963 (*Thoracosphaera albatrosiana*) KAMPTNER 1963, S. 177, Fig. 30 auf Taf. 5.
1963 (*Thoracosphaera deflandrei*) STRADNER 1963b, S. 78, Fig. 9, 10 auf Taf. 10.

Geogr. Vorkommen: Helvetikum nördlich der Stadt Salzburg (STRADNER 1963b).

Stratigr. Niveau: Mesozoikum bis Tertiär, Durchläufer-Spezies.

Aufbewahrung: Geol. Bundesanst. Wien, Abt. f. Erdöl-Geol.

Thoracosphaera deflandrei KAMPTNER, 1956

1956 (*Thoracosphaera deflandrei*) KAMPTNER 1856, S. 448 bis 456.
1961 (*Thoracosphaera deflandrei*) STRADNER 1961, S. 84, Abb. 74.
non 1963 (*Thoracosphaera deflandrei*) STRADNER 1963b, S. 78, Fig. 9 und 10 auf Taf. 10.
   (Es handelt sich hier um *Th. albatrosiana* KAMPTNER.)

Geogr. Vorkommen: Verschiedene Punkte des Staatsgebietes, vor allem Hagenbachklamm (STRADNER 1969a, S. 421).

Stratigr. Niveau: Neokom bis Eocän.

Aufbewahrung: Geol. Bundesanst. Wien, Abt. f. Erdöl-Geol.

Thoracosphaera saxea STRADNER, 1961

1961 (*Thoracosphaera saxea*) STRADNER 1961, S. 84, Abb. 71.
1963 (*Thoracosphaera saxea*) STRADNER 1963b, S. 78, Fig. 8 auf Taf. 10.

Geogr. Vorkommen:
   (1) Helvetikum nördlich der Stadt Salzburg (STRADNER 1963b, S. 78).
   (2) Haidhof bei Ernstbrunn (STRADNER 1961).

Stratigr. Niveau:
   (1) Eocän, Zone F der Gliederung von GOHRBANDT 1963 — Helvetikum.
   (2) Paläocän, Zone A derselben Gliederung — Helvetikum.
   (3) Danien — Haidhof.

Aufbewahrung: Geol. Bundesanst. Wien, Abt. f. Erdöl-Geol., Präp. HA 101/1F.

Genus: *Tremalithus* KAMPTNER, 1948

Tremalithus agariciformis KAMPTNER, 1948

1948 (*Tremalithus agariciformis*) KAMPTNER 1948, S. 8, Fig. 21 auf Taf. 2.

Geogr. Vorkommen: Nußberg bei Wien, Steinbruch in der Nähe des Gasthauses „Eichelhof".

Stratigr. Niveau: Torton (Amphisteginen-Mergel).

Tremalithus umbrella KAMPTNER, 1948

1948 (*Tremalithus umbrella*) KAMPTNER 1948, S. 9, Fig. 17 auf Taf. 2.
1963 (*Coccolithus umbrella*) STRADNER 1963d, S. A 75.

Geogr. Vorkommen:
   (1) Nußberg bei Wien, Steinbruch in der Nähe des Gasthauses „Eichelhof" (KAMPTNER 1948).
   (2) Baden bei Wien, Ziegelei Soos, desgleichen Ziegelei Ameis (STRADNER 1963d, S. A 75).

Stratigr. Niveau: Torton (Badener Tegel und Amphisteginen-Mergel).

Aufbewahrung: Geol. Bundesanst. Wien, Abt. f. Erdöl-Geol. (Fundpunkte 2).

Genus: *Trochastrites* STRADNER, 1961

Trochastrites bramlettei (MARTINI, 1958) STRADNER, 1961

1958 (*Discoaster bramlettei*) MARTINI 1958, S. 359, Fig. 11a, b auf Taf. 3.
1961 (*Trochastrites bramlettei*) STRADNER 1961, S. 86, Abb. 89 (S. 85).

Geogr. Vorkommen: Rogatsboden bei Gresten.

Stratigr. Niveau: Oligocän (Schlier).

Aufbewahrung: Geol. Bundesanst. Wien, Abt. f. Erdöl-Geol.

Genus: *Trochoaster* KLUMPP, 1953

Trochoaster austriacus STRADNER, 1959

1959 (*Trochoaster austriacus*) STRADNER 1959a, S. 1088, Abb. 11 (auf S. 1085).
1959 (*Trochoaster austriacus*) STRADNER 1959b, S. 480, Abb. 53 (S. 484).
Geogr. Vorkommen: Holzmannberg.
Stratigr. Niveau: mittleres Eocän.
Aufbewahrung: Geol. Bundesanst. Wien, Abt. f. Erdöl-Geol.

Trochoaster conglobatus STRADNER, 1962

1962 (*Trochoaster conglobatus*) STRADNER 1962a, S. 374, Fig. 16 und 18 auf Taf. 2.
Geogr. Vorkommen:
    (1) Reingruberhöhe bei Bruderndorf (STRADNER 1962a).
    (2) Waschbergzone (STRADNER 1969b, S. 666).
Stratigr. Niveau: oberes Eocän.
Aufbewahrung: Geol. Bundesanst. Wien, Abt. f. Erdöl-Geol., Präp. RH 14/P.

Trochoaster cristatus MARTINI, 1958

1958 (*Trochoaster cristatus*) MARTINI 1958, S. 368, Fig. 25 auf Taf. 5.
1959 (*Trochoaster cristatus*) STRADNER 1959b, S. 481, Abb. 56 und 58 (auf S. 484).
Geogr. Vorkommen: Mattsee, Stat. 1 (Kartierung BRAUMÜLLER).
Stratigr. Niveau: mittleres Eocän.
Aufbewahrung: Geol. Bundesanst. Wien, Abt. f. Erdöl-Geol.

Trochoaster operosus (DEFLANDRE, 1954) MARTINI & STRADNER, 1960

1954 (*Polycladolithus operosus*) DEFLANDRE (& FERT) 1954, S. 170, Abb. 125 (S. 165), Fig. 3 bis 6 auf Taf. 12.
1959 (*Polycladolithus operosus*) STRADNER 1959b, S. 487, Abb. 73 (S. 485).
1960 (*Trochoaster operosus*) MARTINI & STRADNER 1960, S. 268.
Geogr. Vorkommen:
    (1) Ottenthal, Feldweg nach Kleinschweinbarth, am westschauenden Hang südöstlich der Kirche (GRILL 4557/3/1).
    (2) Fuchsbergen, westschauender Hang, 1 km südwestlich der Kirche von Ottenthal (GRILL 4557/3/26a).
    (3) Haidberg, Hohlweg vom Punkt 387, NO gegen Falkenstein, großer Hangrutsch knapp NO des angeführten Punktes (GRILL 4557/1/510).
    (4) Graben O Haidberg, Weg knapp östlich P. 312 (GRILL 4557/1/354 und 355).
    (5) Kautendorf, Baugruben und Brunnengrabungen an der Straße nach Laa a. d. Thaya (GRILL 4557/1/503).
    (6) Loosdorf. Aufgrabung 200 m nördlich vom Obelisk N Loosdorf (GRILL 4557/1/63).
    (7) Ernstbrunn. Aufgrabung am Wegrand der Dreikreuzgasse, 120 m südlich der Steinkreuze (GRILL 4557/3/808b).
    (8) Reingruberhöhe. Aufgelassener Steinbruch nördlich Bruderndorf (GRILL 4656/2/41).
    (9) Holzmannberg (STRADNER 1959b, S. 487).
  (10) Waschbergzone (STRADNER 1969b, S. 666).

Stratigr. Niveau:
Oberes Eocän — Fundpunkte 1 bis 8 (STRADNER 1962b, S. 107) und 10.
Mittleres Eocän — Holzmannberg.

Aufbewahrung: Geol. Bundesanst. Wien, Abt. f. Erdöl-Geol.

Trochoaster simplex KLUMPP, 1953

1953 (*Trochoaster simplex*) KLUMPP 1953, S. 385, Abb. 4/2 (S. 384), Fig. 9 auf Taf. 16.
1953 (*Trochoaster duplex*) KLUMPP, S. 385, Abb. 4/3, Fig. 10 auf Taf. 16.
1959 (*Polycladolithus stellaris*) STRADNER 1959b, S. 487, Abb. 74, 75 (auf S. 485).
1961 (*Trochoaster simplex*) STRADNER 1961, S. 101.

Geogr. Vorkommen:
(1) Ottenthal. Feldweg nach Kleinschweinbarth, am westschauenden Hang südöstlich der Kirche (GRILL 4557/3/1).
(2) Fuchsbergen. Westschauender Hang, 1 km südwestlich der Kirche von Ottenthal (GRILL 4557/3/26a).
(3) Haidberg. Hohlweg vom Punkt 387, NO gegen Falkenstein. Großer Hangrutsch knapp NO des angeführten Punktes (GRILL 4557/1/510).
(4) Graben O Haidberg. Weg knapp östlich P. 312 (GRILL 4557/1/354 und 355).
(5) Kautendorf, Baugruben und Brunnengrabungen an der Straße nach Laa a. d. Thaya (GRILL 4557/1/503).
(6) Loosdorf. Aufgrabung 200 m nördlich vom Obelisk N Loosdorf (GRILL 4557/1/63).
(7) Ernstbrunn. Aufgrabung am Wegrand der Dreikreuzgasse, 120 m südlich der Steinkreuze (GRILL 4557/3/808b).
(8) Reingruberhöhe. Aufgelassener Steinbruch nördlich Bruderndorf (GRILL 4656/2/41).
(9) Kleinschweinbarth.
(10) Holzhäusel.
(11) Puchkirchen, Tiefbohrung 1 (RAG).
(12) Waschbergzone.

Stratigr. Niveau:
Mittel-Oligocän — Puchkirchen (STRADNER & PAPP 1961, S. 132) (Rupel).
Ober-Eocän — Fundpunkte 1 bis 9 (STRADNER 1962b, S. 107) und 12 (STRADNER 1969b, S. 666).
Mittel-Eocän — Holzhäusel (STRADNER & PAPP 1961, S. 141).

Aufbewahrung: Geol. Bundesanst. Wien, Abt. f. Erdöl-Geol.

Genus: *Zygodiscus* BRAMLETTE & SULLIVAN, 1961

Zygodiscus adamas BRAMLETTE & SULLIVAN, 1961

1961 (*Zygodiscus adamas*) BRAMLETTE & SULLIVAN 1961, S. 148, Fig. 9 und 10 auf Taf. 4.
1963 (*Zygodiscus adamas*) STRADNER 1963b, S. 76, Fig. 13 und 14 auf Taf. 9.

Geogr. Vorkommen: Helvetikum nördlich der Stadt Salzburg. Stat. 63/2/165—166,6 der RAG.

Stratigr. Niveau: Paläocän (Zone A der Gliederung von GOHRBANDT 1963).

Aufbewahrung: Geol. Bundesanst. Wien, Abt. f. Erdöl-Geol.

Zygodiscus plectopons BRAMLETTE & SULLIVAN, 1961

1961 (*Zygodiscus plectopons*) BRAMLETTE & SULLIVAN 1961, S. 148, Fig. 12 und 13 auf
Taf. 4.

1963 (*Zygodiscus plectopons*) STRADNER 1963b, S. 77, Fig. 15 und 16 auf Taf. 9.

Geogr. Vorkommen: Helvetikum nördlich der Stadt Salzburg, Stat. 63/2/263/1 der
RAG.

Stratigr. Niveau: Paläocän (tiefere Zone E der Gliederung von K. GOHRBANDT 1963).

Aufbewahrung: Geol. Bundesanst. Wien, Abt. f. Erdöl-Geol.

Genus: *Zygolithus* KAMPTNER, 1949

Zygolithus aureus STRADNER, 1962

1962 (*Zygolithus aureus*) STRADNER 1962a, S. 368, Fig. 31 bis 36 auf Taf. 1.
1964 (*Zygolithus aureus*) STRADNER 1964, S. 135.

Geogr. Vorkommen:
    (1) Ottenthal. Feldweg nach Kleinschweinbarth, westgerichteter Hang südöstlich
       der Kirche. Tonmergel und hellgelber Diatomit (GRILL 4457/3/1).
    (2) Fuchsbergen. Westschauender Hang, 1 km SW der Kirche von Ottenthal.
       Tonmergel.
    (3) Haidberg. Graben am Weg knapp östlich P. 312. Tonmergel (GRILL
       4557/1/354 und 355).
    (4) Haidberg. Hohlweg von P. 387 NO gegen Falkenstein. Großer Hangrutsch
       knapp NO des angeführten Punktes. Tonmergel (GRILL 4557/1/510).
    (5) Kautendorf. Baugruben und Brunnengrabungen an der Straße nach Laa a. d.
       Thaya. Tonmergel (GRILL 4557/1/503).
    (6) Loosdorf. Aufgrabung 200 m nördlich vom Obelisk N Loosdorf. Tonmergel
       (GRILL 4557/1/63).
    (7) Ernstbrunn. Aufgrabung am Wegrand der Dreikreuzgasse, 120 m S der Stein-
       kreuze. Tonmergel (GRILL 4557/3/808b).
    (8) Reingruberhöhe. Aufgelassener Steinbruch nördlich Bruderndorf. Glaukonit-
       sand (GRILL 4656/2/41).
       Nachweise für die Fundpunkte 1 bis 8: STRADNER 1962b, S. A 107.
    (9) Kleinschweinbarth (STRADNER 1964, S. 135).
  (10) Waschbergzone (STRADNER 1969b, S. 666).

Stratigr. Niveau: Ober-Eocän.

Aufbewahrung: Geol. Bundesanst. Wien, Abt. f. Erdöl-Geol., Präp. RH/K.

Zygolithus chiastus BRAMLETTE & SULLIVAN, 1961

1961 (*Zygolithus chiastus*) BRAMLETTE & SULLIVAN 1961, S. 149, Fig. 3 auf Taf. 6.
1963 (*Zygolithus chiastus*) STRADNER 1963b, S. 77, Fig. 1 bis 3 auf Taf. 10.

Geogr. Vorkommen: Südhelvetikum nördlich der Stadt Salzburg. Stat. 63/2/30/7 der
RAG.

Stratigr. Niveau:
    Paläocän (Zone A der Gliederung von K. GOHRBANDT 1963).
    Eocän (Zone F derselben Gliederung).

Aufbewahrung: Geol. Bundesanst. Wien, Abt. f. Erdöl-Geol.

Zygolithus crux (DEFLANDRE & FERT, 1952) BRAMLETTE & SULLIVAN, 1961

1952 (*Discolithus crux*) DEFLANDRE & FERT 1952, S. 2100, Abb. 8 (auf S. 2101).
1961 (*Zygolithus crux*) BRAMLETTE & SULLIVAN 1961, S. 149, Fig. 8 bis 10 auf Taf. 6.
1964 (*Zygolithus crux*) STRADNER 1964, S. 138.

Geogr. Vorkommen:
    (1) Klement.
    (2) Ameis, Tiefbohrung 1 (2188,5—2229,5 m) der ÖMV (STRADNER 1964, S. 138).
Stratigr. Niveau: Turon (Klementer Schichten).
Aufbewahrung: Geol. Bundesanst. Wien, Abt. f. Erdöl-Geol.

Zygolithus diplogrammus DEFLANDRE, 1954

1954 (*Zygolithus diplogrammus*) DEFLANDRE (& FERT) 1954, S. 148, Abb. 57, Fig. 7 auf
    Taf. 10.
1962 (*Zygolithus diplogrammus*) STRADNER 1962b, S. A 106.
1964 (*Zygolithus diplogrammus*) STRADNER 1964, S. 138, Abb. 44.

Geogr. Vorkommen:
    (1) Klement. Steilhang am Südende des Dorfes (GRILL 4557/3/976).
    (2) Klafterbrunn. Graben nordwestlich des Ortes, 1 km westlich Bildstock 407
        (GRILL 4557/3/947).
    (3) Korneuburg, Tiefbohrung 2 (798,5—804,8 m) der Fa. RITZ & Co.
        Nachweis für die Fundpunkte 1 bis 3: STRADNER 1962b, S. A 106.
    (4) Ameis. Tiefbohrung 1 (2188,5—2229,5 m) der ÖMV (STRADNER 1964, S. 138)
        und östlich von Wollmannsberg (Schußbohrung).
Stratigr. Niveau: Turon (Klementer Schichten).
Aufbewahrung: Geol. Bundesanst. Wien, Abt. f. Erdöl-Geol.

Zygolithus distentus BRAMLETTE & SULLIVAN, 1961

1961 (*Zygolithus distentus*) BRAMLETTE & SULLIVAN 1961, S. 150, Fig. 4 bis 7 auf Taf. 6.
1963 (*Zygolithus distentus*) STRADNER 1963b, S. 77, Fig. 4 und 5 auf Taf. 10.

Geogr. Vorkommen: Helvetikum nördlich der Stadt Salzburg. Stat. 63/2/184/1 der
    RAG.
Stratigr. Niveau: Paläocän und tiefstes Unter-Eocän, Zone F der Gliederung von
    K. GOHRBANDT 1963.
Aufbewahrung: Geol. Bundesanst. Wien, Abt. f. Erdöl-Geol.

Zygolithus dubius DEFLANDRE, 1954

1954 (*Zygolithus dubius*) DEFLANDRE (& FERT) 1954, S. 149, Abb. 43, 44 (S. 137).
1961 (*Zygolithus dubius*) STRADNER & PAPP 1961, S. 142.
1963 (*Zygolithus dubius*) STRADNER 1963d, S. A 76.

Geogr. Vorkommen:
    (1) Baden bei Wien.
    (2) Nußdorf, Wien XIX.
    (3) Frättingsdorf (STRADNER 1963c, S. 160, Fig. 5 auf Taf. 24).
    (4) Ameis.
    (5) Ernsdorf.

(6) Altruppersdorf (Grill 4557/2/505).
(7) Stützenhofen (Grill 4557/2/116).
(8) Mühldorf im Lavantthal.
(9) Mattsee, Stat. 130, RAG.
(10) Holzhäusel.
(11) Seeham.
(12) Oichtenthal.

Stratigr. Niveau:
Torton — Fundpunkte 1 bis 8 (Stradner 1963d, S. A 75 und A 76).
Mittel-Eocän — Fundpunkte 9 bis 12 (Stradner & Papp 1961, S. 140 bis 142).

Aufbewahrung: Geol. Bundesanst. Wien, Abt. f. Erdöl-Geol.

Zygolithus fibulus (Lecal-Schlauder, 1951) Stradner, 1961

1951 (*Corisphaera fibula*) Lecal-Schlauder 1951, S. 304, Abb. 41.
1961 (*Zygolithus fibulus*) Stradner, in: Brix 1961, S. 92.

Geogr. Vorkommen: Flyschzone: Osthang des Leopoldsberges in ca. 230 m Seehöhe, NNW Kahlenbergerdorf. Liegende Falte. Hangentblößung. Blättriger Tonmergel (Brix 1961, S. 92, Aufschluß Nr. 4).

Stratigr. Niveau: Oberkreide (Senon).
Aufbewahrung: Geol. Bundesanst. Wien, Abt. f. Erdöl-Geol.

Genus: *Zygrhablithus* Deflandre, 1959

Zygrhablithus aculeus Stradner, 1961

1961 (*Zygrhablithus aculeus*) Stradner 1961, S. 82, Abb. 53 bis 57 (S. 81).

Geogr. Vorkommen: Steinbruch östlich der Straße NW Hochbruckenberg. Flysch des Wienerwaldes (Brix 1961, S. 93).

Stratigr. Niveau: Oberkreide (Senon).
Aufbewahrung: Geol. Bundesanst. Wien, Abt. f. Erdöl-Geol., Präp. 86/19/1/F.

Zygrhablithus bijugatus Deflandre, 1954

1954 (*Zygrhablithus bijugatus*) Deflandre (& Fert) 1954, S. 148, Abb. 57 (auf S. 140), Fig. 20 und 21 auf Taf. 11.
1964 (*Zygrhablithus bijugatus*) Stradner 1964, S. 135.
1968 (*Isthmolithus claviformis*) Brönnimann & Stradner 1960, S. 368, Abb. 25 bis 43 (S. 367).

Geogr. Vorkommen:
(1) Kleinschweinbarth, Reingruberhöhe (Stradner 1964, S. 135).
(2) Nordöstlich von St. Corona am Schöpfl, knapp nordöstlich Kote 648, westliche Straßenböschung. Hangentblößung. Plattiger Tonmergel (Brix 1961, S. 96, Aufschluß Nr. 34).
(3) Seeham und Holzhäusel (Stradner & Papp 1961, S. 141, 142).
(4) Hagenbachklamm (Stradner 1969a, S. 418).
(5) Waschbergzone (Stradner 1969b, S. 666).

Stratigr. Niveau: Eocän.
Aufbewahrung: Geol. Bundesanst. Wien, Abt. f. Erdöl-Geol., Präp. BR/489/1.

Zygrhablitus intercisus DEFLANDRE, 1959

1959 (*Zygrhablithus intercisus*) DEFLANDRE 1959, S. 136, Fig. 5 bis 20 auf Taf. 1.
1962 (*Zygrhablithus intercisus*) 1962b, S. A 106.

Geogr. Vorkommen:
  (1) Frättingsdorf (STRADNER 1963c, S. 160).
  (2) Michelstetten, Aufgrabungen an dem nach N schauenden Hang, 1 km nordöstlich der Kirche. Mergel (GRILL 4557/3/1194).

Stratigr. Niveau:
  Torton (umgelagert) — Frättingsdorf.
  Maestricht — Michelstetten.

Aufbewahrung: Geol. Bundesanst. Wien, Abt. f. Erdöl-Geol.

Literatur

ABERER, F. & BRAUMÜLLER, E. (1956): Über Helvetikum und Flysch im Raume nördlich Salzburg. — Mitt. Geol. Ges. Wien, *49*, S. 1—39, 3 Karten. Wien.

ARCHANGELSKY, A. D. (1912): Oberkreide-Ablagerungen des osteuropäischen Rußland. — Mater. Geol. Rußl., *25*, S. 1—631, Taf. 1—10, St. Petersburg — Moskau (Russisch).

BACHMAYER, F. (1963): Untersuchung einer Kluftfüllung im Steinbruch Staatz (Kautendorf), nördliches Niederösterreich. — Ann. Naturhistor. Mus. Wien, *67*, S. 181—187, Taf. 1 und 2. Wien.

BERSIER, A. (1939): Discoasteridées et Coccolithophoridées des Marnes oligocènes vaudoises. — Bull. Soc. vaud. Sci. natur., *60* (1937), S. 229—248. Lausanne.

BRAMLETTE, M. N. & RIEDEL, W. R. (1954): Stratigraphic value of Discooasters and some others microfossils related to recent Coccolithophores. — J. Paleont., *28*, S. 385—403.

BRAMLETTE, M. N. & SULLIVAN, F. R. (1961): Coccolithophorids and related Nannoplankton of the early Tertiary in California. — Micropaleontology, *7*, S. 129—174, Taf. 1—14. New York.

BRÖNNIMANN, P. & STRADNER, H. (1960): Die Foraminiferen- und Discoasteridenzonen von Kuba und ihre interkontinentale Korrelation. — Erdoel-Z., *2*, S. 364—369. Wien — Hamburg.

BROTZEN, F. (1959): On Tylocidaris species (Echinoidea) and the stratigraphy of the Danian of Sweden with a bibliography of the Danian and the Paleocene. — Sver. Geol. Unders., Ser. C, Avhandl. Nr. 571, Arsbok 54 (1960), Nr. 2. Stockholm.

DEFLANDRE, G. (1942): Coccolithophoridées fossiles d'Oranie. Genre Scyphosphaera Lohmann et Thorosphaera Ostenfeld. — Bull. Soc. Histoire natur. Toulouse, *77*, S. 1—13. Toulouse.

— (1947): Braarudosphaera nov. gen., type d'une famille nouvelle de Coccolithophoridés à éléments composites. — C.-R. Acad. Sci., *225*, S. 439—441. Paris.

— (1952): Classe des Coccolithophoridés (Coccolithophoridae LOHMANN). — P. P. GRASSÉ, Traité de Zoologie, *1*, S. 439—470. Paris.

— (1959): Sur les nannofossiles calcaires et leur systématique. — Rev. Micropaléont., *2*, S. 127—152. Paris.

DEFLANDRE, G. & FERT, CH. (1952): Sur la structure fine de quelques coccolithes fossiles observés au microscope électronique. Signification morphogénétique et application à la systématique. — C. R. Acad. Sci., *234*, S. 2100—2102. Paris.

— (1954): Observations sur les Coccolithophoridés actuels et fossiles en microscope ordinaire et électronique. — Ann. paléont., *40*, S. 117—176, Taf. 1—15. Paris.

GARDET, M. (1955): Contribution à l'Étude des Coccolithes des terrains neogènes de l'Algérie. — Publ. Serv. Carte géol. Algérie, N. S. Bull. Nr. 5. Trav. collab. 1954, S. 477—550, 11 Taf. Alger.

GRAN, H. H. & BRAARUD, T. (1935): A quantitative Study of the phytoplancton in the Bay of Fundy and in the Gulf of Maine, including observations on hydrography, chemistry and turbidity. — J. biol. board Canada, *1*, S. 279—467. Toronto.

GRILL, R. (1955): Über die Verbreitung des Badener Tegels im Wiener Becken. — Verh. Geol. Bundesanst. Wien, S. 113—120. Wien.

HAY, W. W. & MOHLER, H. P. (1967): Calcareous Nannoplankton from Pont Labau, France, and zonation of the Paleocene an lower Eocene. — J. Paleont., *41*, S. 1505—1541, Taf. 196 bis 206. Tulsa (USA).

HAY, W. W. & MOHLER, H. & WADE, M. E. (1966): Calcareous Nannofossils from Nal'chik (Northwest Caucasus). — Ecl. Geol. Helv., *59*, S. 379—400, 13 Taf. Basel.

HEKEL, H. (1968): Nannoplanktonhorizonte und tektonische Strukturen in der Flyschzone nördlich von Wien (Bisambergzug). — Jb. Geol. Bundesanst. Wien, *111*, S. 293—338, Taf. 1 bis 8. Wien.

JÜTTNER, K. (1938): Das Nordende des niederösterreichischen Flysch. — Verh. Geol. Bundesanst. Wien, S. 95—101. Wien.

KAMPTNER, E. (1948): Coccolithen aus dem Torton des Inneralpinen Wiener Beckens. — S.-B. Österr. Akad. Wiss., math.-naturwiss. Kl. Abt. 1, *157*, S. 1—16, Taf. 1 und 2. Wien.

— (1954): Untersuchungen über den Feinbau der Coccolithen. — Arch. Protistenkde., *100*, S. 1—90. Jena.

KAMPTNER, E. (1956): Zur Systematik und Nomenklatur der Coccolithineen. — Anz. Österr. Akad. Wiss., math.-naturwiss. Kl., *93*, S. 4—11. Wien.

— (1963): Coccolithineen-Skelettreste aus Tiefseeablagerungen des Pazifischen Ozeans. Eine nannopaläontologische Untersuchung. — Ann. Naturhistor. Mus. Wien, *66*, S. 139—204, Taf. 1—9. Wien.

— (1967): Systematische Bestimmung der Coccolithineen- und Discoasteriden-Arten. — In: BACHMAYER, Untersuchung einer Kluftfüllung im Steinbruch Staatz (Kautendorf), nördliches Niederösterreich. — Ann. Naturhistor. Mus. Wien, *67*, S. 181—187. Wien.

KLUMPP, B. (1953): Beitrag zur Kenntnis der Mikrofossilien des mittleren und oberen Eocän. — Palaeontogr., *103*, Abt. A, S. 377—406, Taf. 16—20. Stuttgart.

LECAL-SCHLAUDER, J. (1951): Recherches morphologiques et biologiques sur les Coccolithophorides nord-africains. — Ann. Inst. Océanogr., *26*, fasc. 3, S. 255—362, Taf. 9—13. Paris.

LEVIN, H. L. (1965): Coccolithophoridae and related Microfossils from the Yazoo formation (eocene) of Mississippi. — J. Paleont., *39*, S. 265—268, Taf. 41 u. 42. Tulsa (USA).

LEVIN, H. L. & JOERGER, A. P. (1967): Calcareous nannoplankton from the Tertiary of Alabama. — Micropaleont., *13*, S. 163—182. Taf. 1—4. New York.

LOEBLICH, A. R. & TAPPAN, H. (1966): Annotated Index and Bibliography of the Calcareous Nannoplankton. — Phycologia, 5, S. 81—216.

LOHMANN, H. (1902): Die Coccolithophoridae, eine Monographie der Coccolithen bildenden Flagellaten, zugleich ein Beitrag zur Kenntnis des Mittelmeerauftriebs. — Arch. Protistenkde., S. 89—165, Taf. 4—6. Jena.

MARTINI, E. (1958): Discoasteriden und verwandte Formen im NW-deutschen Eozän (Coccolithophorida). 1. Taxionomische Untersuchungen. — Senckenbergiana Lethaea, *39*, S. 353—388, Taf. 1—6. Frankfurt (Main).

— (1959): Discoasteriden und verwandte Formen im NW-deutschen Eozän (Coccolithophorida). 2. Stratigraphische Auswertung. — Senckenbergiana Lethaea, *40*, S. 137—157. Frankfurt (Main).

— (1961a): Nannoplankton aus dem Tertiär und der obersten Kreide von SW-Frankreich. — Senckenbergiana Lethaea, *42*, S. 1—41, Taf. 1—5. Frankfurt (Main).

— (1961b): Der stratigraphische Wert der Lithostromationidae. — Erdoel-Z., Jahrg. 1961, S. 100—103. Wien — Hamburg.

MARTINI, E. & STRADNER, H. (1960): Nannotetraster, eine stratigraphisch bedeutsame Discoasteridengattung. — Erdoel-Z., Jahrg. 1960, S. 266—270. Wien — Hamburg.

MURRAY, G. & BLACKMAN, V. H. (1898): On the nature of the Cocospheres and Rhabdospheres. — Phil. Trans. Roy. Soc. London, B, *190*, S. 427—441. Taf. 15 und 16. London.

NOËL, D. (1956): Coccolithes des terrains jurassiques de l'Algérie. — Publ. Serv. Carte géol. Algérie, N. S. Bull. Nr. 8, Trav. Collab., 1955, S. 303—345, 8 Taf. Alger.

— (1958): Étude de Coccolithes du Jurassique et du Cretacé Inférieur. — Publ. Serv. Carte Géol. Algérie, N. S., Bull. Nr. 20, S. 155—196, Taf. 1—3. Alger.

PARÉJAS, E. (1934): Sur quelques Actiniscus du Cretacé supérieur des Brasses (Préalpes medianes) et de l'Ile d'Elbe. — C. R. Soc. Phys. Histoire Natur. Génève, *51*, S. 100—107. Génève.

SCHILLER, J. (1930): Coccolithineae. — RABENHORST's Kryptogamenflora von Deutschland, Österreich und der Schweiz. 2. Aufl. *10*, Flagellatae, herausg. v. R. KOLKWITZ, S. 89—273. Leipzig.

STRADNER, H. (1958): Die fossilen Discoasteriden Österreichs. I. Teil. — Erdoel-Z., S. 178—188. Wien — Hamburg.

— (1959a): First Report on the Discoasters of the Tertiary of Austria and their Stratigraphic Use. — 5th World Petroleum Congr., Sect. 1, Paper 60, S. 1081—1098. New York.

— (1959b): Die fossilen Discoasteriden Österreichs. II. Teil. — Erdoel-Z., S. 472—488. Wien — Hamburg.

— (1960): Über Nannoplankton-Invasionen im Sarmat des Wiener Beckens. — Erdoel-Z., S. 430—432. Wien — Hamburg.

— (1961): Vorkommen von Nannofossilien in Mesozoikum und Alttertiär. — Erdoel-Z., S. 77—88. Wien — Hamburg.

— (1962a): Über neue und wenig bekannte Nannofossilien aus Kreide und Alttertiär. — Verh. Geol. Bundesanst. Wien, S. 363—377. Wien.

STRADNER, H. (1962b): Bericht 1961 über die Aufsammlung von mesozoischen und alttertiären Nannoplankton-Materialien aus der Waschbergzone (Niederösterreich). — Verh. Geol. Bundesanst. Wien, S. A 106—107. Wien.

— (1963a): New Contributions to Mesozoic Stratigraphy by means of Nannofossils. — 6th World Petrol. Congr., Sect. I, Paper 4. Frankfurt (Main).

— (1963b): Nannofloren. — In: GOHRBANDT, Zur Gliederung des Paläogen im Helvetikum nördlich Salzburg nach planktonischen Foraminiferen. I. Teil. Paleozän und tiefstes Untereozän. — Mitt. Geol. Ges. Wien, 56, S. 71—81. Wien.

— (1963c): Die Nannoflora des Badener Tegels von Frättingsdorf, NÖ. — Mitt. Geol. Ges. Wien, 56, S. 155—162. Wien.

— (1963d): Bericht 1962 über das Nannoplankton des Torton in Niederösterreich und Kärnten. — Verh. Geol. Bundesanst. Wien, S. A 74—A 76. Wien.

— (1964): Die Ergebnisse der Aufschlußarbeiten der ÖMV AG in der Molassezone Niederösterreichs in den Jahren 1957—1963. III. Teil. Ergebnisse der Nannofossil-Untersuchungen. — Erdoel-Z., S. 132—139. Wien — Hamburg.

— (1969a): The Nannofossils of the Eocene flysch in the Hagenbach Valley (Northern Vienna Woods), Austria. — Ann. Soc. geol. Pologne, 39, S. 403—432. Krakow.

— (1969b): Upper Eocene calcareous nannoplankton from Austria and problems of interhemispherical correlation. — Proc. first int. conf. Planctonic Microfossils, 2, 663—669. Leiden.

STRADNER, H. & EDWARDS, A. R. (1968): Electron microscopic studies on upper eocene Coccoliths from the Oamaru Diatomite, New Zealand. — Jb. Geol. Bundesanst. Wien, Sonderbd. 13, S. 1—66, Taf. 1—48. Wien.

STRADNER, H. & PAPP, A. (1961): Tertiäre Discoasteriden aus Österreich und deren stratigraphische Bedeutung mit Hinweisen auf Mexiko, Rumänien und Italien. — Jb. Geol. Bundesanst. Wien, Sonderbd. 7, S. 1—159, Taf. 1—42. Wien.

TAN SIN HOK (1927): Over de samenstelling en het ontstaan van krijt- en mergelgesteenten van de Molukken. — Jaarb. Mijnwezen Nederlandsch Indie, 1926, Verh. III. Teil, S. 1—165, Taf. 1—16. 's Gravenhage.

VEKSHINA, V. N. (1959): Kokkolitophoridi maastrichtskich orlozenij zaradno sibirskoj nizmennosti. — Trudy SNIGGIMS, Nr. 2, S. 56—77, Taf. 1 und 2.

WALLICH, G. C. (1877): Observations on the Coccosphere. — Ann. Mag. Natur. History, ser. 4, vol. 19, S. 342—348, Taf. 17. London.

Register der geographischen Namen

Hinter jedem Namen ist das zugehörige Bundesland in Klammern vermerkt. Die Namen der Bundesländer stehen abgekürzt: K = Kärnten — NÖ = Niederösterreich — OÖ = Oberösterreich — S = Salzburg — W = Wien. Die Ziffern bezeichnen die Seitenzahl.